大飞机出版工程

总主编　顾诵芬

人机系统

驾驶员行为规律及数学模型

СИСТЕМА САМОЛЕТ-ЛЕТЧИК

ЗАКОНОМЕРНОСТИ И МАТЕМАТИЧЕСКИЕ МОДЕЛИ ПОВЕДЕНИЯ ЛЕТЧИК

[俄] А. В. 叶夫列莫夫（А.В. ЕФРЕМОВ）　著

安　刚　唐瑞琳　金　兴　译

上海交通大学出版社

SHANGHAI JIAO TONG UNIVERSITY PRESS

内容提要

本书介绍了人机系统的实验研究、驾驶员的行为规律及数学模型。为了解决动力学和飞行控制问题，分析了驾驶员的主要反应（操纵和心理－生理）及其根据实验和数学模型计算得到特性。此外，本书还研究了单回路、多回路、多通道和多模式控制下的驾驶员行为规律，特别关注高自动化飞机的一系列特征所产生的影响以及驾驶员诱发振荡的主要原因。

本书提出了基于经典控制理论的驾驶员模型、基于现代控制理论的驾驶员模型和基于神经网络的驾驶员模型，列举了相应的跟踪任务模型，研究了这些模型用于分析任务变量影响驾驶员行为及人机系统特性的可行性。

该书不仅可供从事动力学、飞行控制以及人机系统研究的科技工作者和工程师使用，还适用于高等院校相关专业本科高年级学生及研究生。

Исключительное авторское право Произведения перевода на китайский язык приобретено《Shanghai Jiaotong University Press》.

上海市版权局著作权合同登记号：图字：09-2021-475

图书在版编目（CIP）数据

人机系统：驾驶员行为规律及数学模型 / (俄罗斯)
А. В. 叶夫列莫夫著; 安刚, 唐瑞琳, 金兴译. — 上海：
上海交通大学出版社, 2024.8
大飞机出版工程
ISBN 978-7-313-30623-4

Ⅰ.①人… Ⅱ.①А… ②安… ③唐… ④金… Ⅲ.①
飞行驾驶史－人－机系统－数学模型 Ⅳ.①V323

中国国家版本馆CIP数据核字（2024）第083974号

人机系统——驾驶员行为规律及数学模型
RENJI XITONG——JIASHIYUAN XINGWEI GUILÜ JI SHUXUE MOXING

著　者：	［俄］А. В. 叶夫列莫夫（А. В. ЕфРЕМОВ）	译　者：	安　刚　唐瑞琳　金　兴	
出版发行：	上海交通大学出版社	地　址：	上海市番禺路951号	
邮政编码：	200030	电　话：	021-64071208	
印　制：	上海颛辉印刷厂有限公司	经　销：	全国新华书店	
开　本：	710mm×1000mm　1/16	印　张：	8.75	
字　数：	147千字			
版　次：	2024年8月第1版	印　次：	2024年8月第1次印刷	
书　号：	ISBN 978-7-313-30623-4			
定　价：	88.00元			

大飞机出版工程

丛 书 编 委 会

总主编

顾诵芬(中国航空工业集团公司科技委原副主任、中国科学院和中国工程院院士)

副总主编

贺东风(中国商用飞机有限责任公司董事长)

林忠钦(上海交通大学原校长、中国工程院院士)

编委会(按姓氏笔画排序)

王礼恒(中国航天科技集团公司科技委主任、中国工程院院士)

王宗光(上海交通大学原党委书记、教授)

刘　洪(上海交通大学航空航天学院教授)

任　和(中国商用飞机有限责任公司原副总工程师、教授)

李　明(中国航空工业集团沈阳飞机设计研究所研究员、中国工程院院士)

吴光辉(中国商用飞机有限责任公司首席科学家、C919飞机总设计师、中国工程
　　　院院士)

汪　海(上海市航空材料与结构检测中心主任、研究员)

张卫红(西北工业大学副校长、教授)

张新国(中国航空工业集团原副总经理、研究员)

陈　勇(中国商用飞机有限责任公司工程总师、ARJ21飞机总设计师、研究员)

陈迎春(中国商用飞机有限责任公司CR929飞机总设计师、研究员)

陈宗基(北京航空航天大学自动化科学与电气工程学院教授)

陈懋章(北京航空航天大学能源与动力工程学院教授、中国工程院院士)

金德琨(中国航空工业集团公司原科技委委员、研究员)

赵越让(中国商用飞机有限责任公司原总经理、研究员)

姜丽萍(中国商用飞机有限责任公司制造总师、研究员)

曹春晓(中国航空工业集团北京航空材料研究院研究员、中国工程院院士)

敬忠良(上海交通大学航空航天学院教授)

傅　山(上海交通大学电子信息与电气工程学院研究员)

总　序

　　国务院在 2007 年 2 月底批准了大型飞机研制重大科技专项正式立项,得到全国上下各方面的关注。"大型飞机"工程项目作为创新型国家的标志工程重新燃起我们国家和人民共同承载着"航空报国梦"的巨大热情。对于所有从事航空事业的工作者,这是历史赋予的使命和挑战。

　　1903 年 12 月 17 日,美国莱特兄弟制作的世界第一架有动力、可操纵、比重大于空气的载人飞行器试飞成功,标志着人类飞行的梦想变成了现实。飞机作为 20 世纪最重大的科技成果之一,是人类科技创新能力与工业化生产形式相结合的产物,也是现代科学技术的集大成者。军事和民生对飞机的需求促进了飞机迅速而不间断的发展和应用,体现了当代科学技术的最新成果;而航空领域的持续探索和不断创新,为诸多学科的发展和相关技术的突破提供了强劲动力。航空工业已经成为知识密集、技术密集、高附加值、低消耗的产业。

　　从大型飞机工程项目开始论证到确定为《国家中长期科学和技术发展规划纲要》的十六个重大专项之一,直至立项通过,不仅使全国上下重视我国自主航空事业,而且使我们的人民、政府理解了我国航空事业半个多世纪发展的艰辛和成绩。大型飞机重大专项正式立项和启动使我们的民用航空进入新纪元。经过 50 多年的风雨历程,当今中国的航空工业已经步入了科学、理性的发展轨道。大型客机项目产业链长、辐射面宽、对国家综合实力带动性强,在国民经济发展和科学技术进步中发挥着重要作用,我国的航空工业迎来了新的发展机遇。

　　大型飞机的研制承载着中国几代航空人的梦想,造出与波音公司波音 737 和空客公司 A320 改进型一样先进的"国产大飞机"已经成为每个航空人心中奋斗的目标。然而,大型飞机覆盖了机械、电子、材料、冶金、仪器仪表、化工等几乎所有工业门类,集成数学、空气动力学、材料学、人机工程学、自动控制学等多种学科,是一个复杂的科技创新系统。为了迎接新形势下理论、技术和工程等方面的严峻挑战,迫切需要引入、借鉴国外的优秀出版物和数据资料,总结、巩固我们的经验和成果,编著一套以"大飞机"为主题的丛书,借以推动服务"大飞机"作为推动服务整个航空科学的切入点,同时对于促进我国航空事业的发展和加快航空紧缺人才的培养,具有十分重要的现实意义和深远的历史意义。

2008年5月,中国商用飞机有限责任公司成立之初,上海交通大学出版社就开始酝酿"大飞机出版工程",这是一项非常适合"大飞机"研制工作时宜的事业。新中国第一位飞机设计宗师——徐舜寿同志在领导我们研制中国第一架喷气式歼击教练机——歼教1时,亲自撰写了《飞机性能及算法》,及时编译了第一部《英汉航空工程名词字典》,翻译出版了《飞机构造学》《飞机强度学》,从理论上保证了我们的飞机研制工作。我本人作为航空事业发展50多年的见证人,欣然接受上海交通大学出版社的邀请担任该丛书的总主编,希望为我国的"大飞机"研制发展出一份力。出版社同时也邀请了王礼恒院士、金德琨研究员、吴光辉总设计师、陈迎春总设计师等航空领域专家撰写专著、精选书目,承担翻译、审校等工作,以确保这套"大飞机"丛书具有高品质和重大的社会价值,为我国的大飞机研制以及学科发展提供参考和智力支持。

编著这套丛书,一是总结整理50多年来航空科学技术的重要成果及宝贵经验;二是优化航空专业技术教材体系,为飞机设计技术人员的培养提供一套系统、全面的教科书,满足人才培养对教材的迫切需求;三是为大飞机研制提供有力的技术保障;四是将许多专家、教授、学者广博的学识见解和丰富的实践经验总结继承下来,旨在从系统性、完整性和实用性角度出发,把丰富的实践经验进一步理论化、科学化,形成具有我国特色的"大飞机"理论与实践相结合的知识体系。

"大飞机出版工程"丛书主要涵盖了总体气动、航空发动机、结构强度、航电、制造等专业方向,知识领域覆盖我国国产大飞机的关键技术。图书类别分为译著、专著、教材、工具书等几个模块;其内容既包括领域内专家们最先进的理论方法和技术成果,也包括来自飞机设计第一线的理论和实践成果。如:2009年出版的荷兰原福克飞机公司总师撰写的 *Aerodynamic Design of Transport Aircraft*(《运输类飞机的空气动力设计》);由美国堪萨斯大学2008年出版的 *Aircraft Propulsion*(《飞机推进》)等国外最新科技的结晶;国内《民用飞机总体设计》等总体阐述之作和《涡量动力学》《民用飞机气动设计》等专业细分的著作;也有《民机设计1 000问》《英汉航空缩略语词典》等工具类图书。

该套图书得到国家出版基金资助,体现了国家对"大型飞机"项目和"大飞机出版工程"这套丛书的高度重视。这套丛书承担着记载与弘扬科技成就、积累和传播科技知识的使命,凝结了国内外航空领域专业人士的智慧和成果,具有较强的系统性、完整性、实用性和技术前瞻性,既可作为实际工作指导用书,亦可作为相关专业人员的学习参考用书。期望这套丛书能够有益于航空领域里人才的培养,有益于航空工业的发展,有益于大飞机的成功研制。同时,希望能为大飞机工程吸引更多的读者来关心航空、支持航空和热爱航空,并投身于中国航空事业做出一点贡献。

2009 年 12 月 15 日

译 者 序

　　飞机人机系统是一个重要的研究领域，它关注的是飞机设计与驾驶员之间的交互关系。良好的人机系统设计可以提高驾驶员的工作效率、减少疲劳，并增强飞行安全性，其关键在于使驾驶员能够轻松、高效地操作飞机系统。人机系统包括设计合理的座舱布局、直观的控制面板、舒适的座椅以及符合人体工程学的操作杆和按钮，可提供清晰的仪表显示和及时准确的信息反馈等。飞行模拟器和虚拟现实系统、驾驶员的行为规律及数学模型在人机系统功效评估中起到了重要作用，可以帮助设计师更好地理解驾驶员的需求和行为模式，从而对飞机或设计进行优化。飞机人机系统的研究旨在确保飞机系统与人的能力和需求相匹配，从而实现更安全、高效的飞行操作，它是飞机设计中不可或缺的一部分，它也在不断发展和改进，以适应不断变化的飞行任务和技术要求。

　　全书共分为5章，由航空工业第一飞机设计研究院与庆安集团有限公司的人员共同翻译完成。前言、第1章由安刚、金兴翻译；第2~3章由唐瑞琳翻译；第4章由林义光、施维翻译；第5章由林深翻译，最后由安刚进行了总体校对。

　　全书由航空工业特级技术专家高亚奎研究员主审，北京航空航天大学谭文倩老师提出了很多建议，在此表示衷心感谢！

　　由于译者水平有限，书中出现的疏漏与不妥之处，恳请读者批评指正。我们将悉心听取，并在今后的工作中予以完善。

译者

2024 年 7 月于西安

前　　言

　　航空技术的发展主要以提高使用效率和飞行安全性为目标。为了提高效率，人们采用了一系列措施来改进飞机的飞行特性、扩大飞行包线，并不断掌握复杂驾驶任务和新的飞行模式。但是这也给飞机操纵特性带来了一定影响，如果不采用特殊手段就会导致飞机控制过程复杂化，并最终降低目标任务的完成精度和飞行安全性。

　　解决上述问题有以下两种方式：

　　(1) 驾驶过程完全自动化，驾驶员不主动参与。此时，驾驶员负责系统工作的监控，只有自动系统故障时才会主动参与。如果驾驶员在飞机控制过程中是被动的，则转入主动驾驶模式需要花费大量时间，而且在转入人工模式的初始阶段会增加错误行为发生的概率。该方法的不足之处还在于自动化设备复杂、价格昂贵且在个别(特殊)飞行模式下可靠性低。

　　(2) 利用一些设备和条件供驾驶员执行最简单的操作规程，进而保证精确、安全地驾驶。这些设备包括一些人机系统元件，如被控对象是"飞行器+高自动化控制系统"的动力学系统、信息显示系统或显示器、操纵杆等。

　　驾驶员主动参与的条件如下：

　　(1) 具备飞行模式及飞行器使用条件要求的驾驶方法。例如，下滑的最小运动速度、直升机悬停或飞机地形跟踪的最大高度以及最优射程等。

　　(2) 具备经过驾驶技能培训的飞行机组。

　　为了建立这些条件，需要研究理论、实验方法以及相关的设备(飞行模拟器)。如果不了解驾驶员行为特性及规律，那么解决这些问题是不可能的[1]。

　　研究驾驶员行为的观点是在飞机设计经验不断积累的过程中形成的。1940年，美国著名学者 Koppen 曾写道："飞机的操纵运动是由驾驶员与飞机的组合特性确定的,为了成功地设计飞机,必须了解飞机与驾驶员特性[2]。"

关于驾驶员行为的研究最早始于心理学。实验心理学的传统方法是用离散事件来描述人的行为。研究人的响应时多倾向于确定各种刺激因素间的关系,即影响感觉器官或中枢神经系统(记忆)的信号与不同因素耦合作用下的运动响应(如响应时间、灵敏度阈值、记忆程度)之间的关系。这些研究结果指出了人活动的重要指标:负荷、注意力分配以及对离散事件的响应。但是将人工控制作为连续过程进行研究时,这些结果的使用受限。这些任务需要研究闭环系统内的驾驶员行为,采用并发展相应的理论研究方法。因此,工程师将花大量的精力发展控制理论方法,研究驾驶员行为特性及其作为控制系统的特性。

最早研究该领域的大部分是外国学者,他们的研究经历了三个历史阶段。第一阶段是第二次世界大战时期,以英国人 Tustin 为代表,他发展了反馈系统理论,引入了"驾驶员描述函数"以及"剩余"(驾驶员行为中的噪声分量)的概念,指明了驾驶员对被控对象动力学的适应性。此外,在第二次世界大战末期,美国学者也进行了类似的研究[2]。

第二次世界大战后,随着喷气式航空时代的到来,飞行包线不断扩大,飞行品质发生了变化,关于驾驶员的行为及控制飞机的能力的研究也明显增多。美国的 Franklin 学院、Goodyear 公司和 Control Specialists 公司对描述函数和剩余的识别方法,以及驾驶员的非线性模型进行了大量研究。麻省理工学院学者 Russell 和 Elkind 在几种输入信号频谱和被控对象动力学对驾驶员描述函数及剩余的影响方面也取得了相应的研究成果[2]。1957 年,随着 McRuer 和 Krendel 的《驾驶员动力学响应》一书的出现,标志着研究驾驶员行为动力学特性的第一阶段结束[3]。该书系统地整理了同时期美国各科研机构的驾驶员行为特性研究成果,并引入了目视信息感知条件下单回路跟踪任务的驾驶员描述函数模型。

第二阶段主要研究连续操纵下的驾驶员行为特性,指出了单回路跟踪任务的规律,建立了不同复杂度的驾驶员描述函数模型,形成了特性建模的结构性方法,并对神经肌肉系统模型进行了深入研究[2];此外,在动基座飞行模拟器及飞行实验室的实验数据库建立方面也做了大量工作。20 世纪 60 年代末到 70 年代初,也就是第二阶段末期,在 Levison、Baron 以及 Kleinman 的努力下,产生了新的描述驾驶员控制行为特性的方法[4]。该方法基于最优系统理论,首次尝试用数学模型方法预测驾驶员的主观评价,即最重要的心理-生理响应特性[5]。

第三阶段主要研究复杂控制任务下的驾驶员行为规律。国外在第二和第三阶段的研究投入最大,最先研究了双回路跟踪任务驾驶员描述函数的测量,展示了视觉扫描效果并建立了该现象的模型[6]。

从单通道转向更为复杂情况下的驾驶员行为研究是非常大的进步,但其取得的成果未通过进一步研究来强化,只是作为获取复杂控制任务驾驶员行为概况的第一步。此外,还开始了多模式控制任务中人的控制行为特性研究,使相应的刺激因素同时作用于不同的感觉器官。学者Young在加速信息影响的研究中取得重大进展[7]。

尽管国外进行了大量的研究工作,但还有很多驾驶员行为范畴及因素尚未涉及。近几十年来,关于驾驶员行为规律的研究明显减少,人机系统的研究重点转入解决应用型问题。

20世纪60年代中期,苏联的中央空气和流体动力学研究院、飞行试验研究院、莫斯科航空学院、茹科夫斯基空军工程学院等机构也开始了对该领域的研究。

这些研究机构进行的工作除了个别方向外,在很长时间内不成体系,这也与其他国家存在的问题一样,很多关于驾驶员行为的研究问题完全或部分未考虑到。

本书作者在1992年出版的《驾驶员——动力学系统》一书中,总结了50年来各国学者关于驾驶员行为特性的研究成果,其中包括莫斯科航空学院以及中央空气和流体动力学研究院的研究成果[1]。此后的25年中,莫斯科航空学院在该领域的研究范围不断扩大,新的成果已在俄罗斯及其他国家公开发表,丰富了关于驾驶员行为及其规律和数学模型的总体知识库。本书对此重点介绍,并使用了与"飞行模拟器及人机系统"实验室、"飞机飞行控制及动力学"教研室合作取得的研究成果。实验室及教研室M. C. 佳格利克、A. B. 奥格洛布林、A. B. 科舍连科等人参与此项研究。

目　　录

1 人机系统主要变量

在驾驶飞机的过程中,驾驶员不仅要执行大机动使飞机改变线性位移,还需要连续操纵完成高精度目标任务。

执行大机动时,驾驶员的行为可简化为独立、明确的"一次性激励"阶跃信号。驾驶员根据过载及角度坐标变化的瞬态指标对操纵特性进行评估。因此,执行开环机动时驾驶员与飞机是交互影响的。

完成高精度驾驶任务是相当复杂的,它是驾驶员与被控对象(飞机与控制系统)连续交互的过程。该过程发生在人机闭环系统内,如图 1-1 所示。

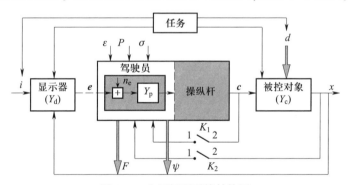

图 1-1 人机闭环系统结构图

该过程由驾驶员通过操纵杆与显示器的接口来执行。操纵杆可以作用于飞机,显示器可以接收飞机飞行状态的信息或者离散信号。系统中的驾驶员行为要有明确的目标,特别是与指令信号 $i(t)$ 跟踪或外部扰动 $d(t)$ 条件下被控对象稳定性要求相关的目标。

一般情况下,图 1-1 为取决于向量 e 和 c 的维度及开关 K_1、K_2 的位置的人机系统,该系统可属于不同的系统类型。

如果 e 和 c 为标量,那么人机系统为单回路系统;当向量 e 的维度大于 1、向量 c 的维度等于 1 时,人机系统为多回路系统。如果 e 的维度大于等于 2 且 c

的维度大于等于 2,则系统为多通道。如果开关 K_1、K_2 的位置使驾驶员直接感知到飞机响应信号或操纵杆偏转,则系统为多模式。

每个驾驶任务(空中加油、着陆、瞄准、地形跟踪等)具有确定的一组变量,也称为变量任务。它包括与驾驶员相关的人机系统外部元件:被控对象、操纵杆、显示器以及作用于系统的指令信号 $i(t)$ 和/或外部扰动 $d(t)$。

除变量任务外,与驾驶员相关的还有另外一组变量:外部环境条件变量 ε、过程变量 P 及内部变量 σ。

对于每个研究任务,两组变量全部不同或部分不同会影响驾驶员响应特性以及整个闭环系统的特性。

1.1 变量任务

1.1.1 被控对象

具有操纵作用 $c(t)$ 转换过程的数学模型,即从操纵杆偏转或施加杆力到坐标 $x(t)$,根据坐标完成对驾驶任务的操纵。

对大多数精确驾驶任务来说,被控对象在驾驶过程中的动力学特性存在不发生变化、变化不大或变化缓慢等现象。因此,被控对象的数学模型表现为具有常系数或传递函数的线性微分方程组。表 1-1 列举了低自动化飞机被控对象在不同目标任务下的近似传递函数 $Y_c(p)$。可见,传递函数 $Y_c(p)$ 在这些任务中区别很大。

表 1-1

序号	输出量	Y_c	控制任务
1	俯仰角 θ	$\dfrac{K_c(s+\overline{Y}^\alpha)}{s(s^2+2\xi_{sp}\omega_{sp}s+\omega_{sp}^2)}$	角运动的控制及稳定(一般构型)
2	瞄准角 ε_y	$\dfrac{K_c\left(s^2+\overline{Y}^\alpha s+\overline{Y}^\alpha\dfrac{V}{L}\right)}{s^2(s^2+2\xi_{sp}\omega_{sp}s+\omega_{sp}^2)}$	目标跟踪 $\left(\varepsilon_y=\theta+\arcsin\dfrac{H}{L}\right)$
3	高度 ΔH	$\dfrac{K_c n_y^\alpha g}{s^2(s^2+2\xi_{sp}\omega_{sp}s+\omega_{sp}^2)}$	编队飞行,空中加油
4	滚转角 ϕ	$\dfrac{K_c}{s(s-\overline{M}_x^{\omega_x})}$	角运动的控制及稳定
5	横侧运动 ΔZ	$\dfrac{K_c}{s^3(s-\overline{M}_z^{\omega_z})}$	着陆时轨迹控制

例如,改出下滑时驾驶员控制俯仰角速度。此时,被控对象的动力学为

$$Y_c = \frac{\theta(s)}{X(s)} = \frac{K_c(s+\overline{Y}^\alpha)}{s(s^2+2\xi_k\omega_k s+\omega_k^2)} \tag{1-1}$$

进行下滑运动时,驾驶员的主要任务是控制飞机相对于下滑线的航迹位置,此时在纵向通道的被控对象动力学为

$$Y_c = \frac{K_c g n_y^\alpha}{s^2(s^2+2\xi_k\omega_k s+\omega_k^2)} \tag{1-2}$$

驾驶员任务范围以及飞行模式扩展,导致各种传递函数 $Y_c(s)$ 及其参数增多。在进行一系列驾驶任务及其子阶段时,驾驶员被迫在不同回路中施加作用。例如,航天飞机进行无动力着陆时,在急陡下滑运动阶段,驾驶员跟踪垂直速度 V_y 并控制跑道规定点位的瞄准角度;过渡到平缓下滑时,驾驶员控制俯仰角;改出下滑时,驾驶员控制俯仰角及飞行高度。执行这些阶段的任务时,被控对象的动力学是不同的。

执行不同驾驶任务时,传递函数的参数为变量(如空中加油时,加油管与受油锥之间的距离 L 为时间函数),这使得被控对象的动力学不稳定。当被控对象动力学急剧变化时,例如增益系数变化、某种动力学参数突然变化或某种控制系统元件出现故障时,被控对象的不稳定性也随之出现。

除了不稳定性之外,执行一些任务时还需要考虑数字控制算法离散化对算法和气动系数影响的非线性效应。在这种情况下,被控对象为描述操纵杆偏转时飞行状态变化过程的数学模型。在许多研究任务中,被控对象的"描述函数" $Y_c[c(t),j\omega]$ 概念使用方便,它是被控对象的等效频率特性,并在确定输入信号 $c(t)$ 时获取。为了得到控制任务的正确实验结果,要使作用于被控对象的信号频谱 $S_{cc}(\omega)$ 足够接近真实值。为此,应通过数学或半物理仿真深入研究,每一步都需要确认描述函数 $Y_c(\sigma_c,j\omega)$、频谱 $S_{cc}(\omega)$ 及 $c(t)$ 的均方根值 σ_c。在很多情况下,例如舵面偏转速度值达到最大时,控制系统元件的非线性特性是很明显的,描述函数与线性系统相应的函数区别很大。此外,由于操纵杆偏转 $c(t)$ 与许多因素(如输入信号或驾驶方法)相关,因此每个实验之间的描述函数 $Y_c(\sigma_c,j\omega)$ 变化会很大。上述情况应该在飞行模拟器和飞行实验室研究及训练过程中考虑。

现代高自动化飞机的动力学在很大程度上由控制系统确定。它可以显著地扩展功能并提高飞机的控制质量和使用效率,但是也会出现飞机与控制系统的动力学典型特征(如相位延迟增大),导致人机系统不稳定过程,如驾驶员诱发

振荡(PIO)的产生。

操纵杆主要包括以下几种类型:

(1)俯仰角控制 $C=\delta_e$ 或滚转角控制 $C=\delta_a$ 时,输出信号与位移成正比的偏转操纵杆。一般情况下,该操纵杆具有区域不灵敏、间隙、预紧和其他特性。这些特性的选取见参考文献[1]。

(2)输出信号与移动时施加的力成正比的偏转操纵杆。

(3)输出信号与驾驶员施加的力成正比的固定操纵杆($C \propto F$),曾用于一些实验研究及 F-16 第一批原型机。

操纵杆一般是指安装在非机动飞机上的驾驶盘以及安装在机动飞机上的中央杆。近年来也出现了微型驾驶盘和侧杆。在飞机方向舵控制通道中一般使用脚蹬。

上述列举的操纵杆在特性(质量 m、阻尼 $F^{\dot{x}}$、刚度 F^X 等)上有所不同。因此,"手(脚)与操纵杆"系统可作为统一体发挥作用,从而使操纵杆参数对驾驶员控制行为特性产生影响。在研究具体驾驶任务时,必须考虑不同控制通道中操纵杆类型及参数的区别。驾驶员不能感知舵面产生的力和力矩,舵面感觉的丧失是驾驶员与现代飞机交互的显著特征。为此需要安装专用的操纵杆加载装置。利用小型操纵杆可以促使驾驶员主动执行,但有时与具有不同控制通道人工感觉系统的现代飞机控制系统功能不匹配。所以,必须研究专用的力调节手段。

显示器一般是专用设备,其中应用最广泛的是视觉显示器。例如,安装在驾驶舱仪表板上的驾驶-导航显示、平视显示(低头显示和抬头显示)以及驾驶指引仪。可以利用相应的显示器,通过感觉器官(触觉、听觉)传送信息。现代飞行模拟器的运动系统也可看成显示器,它作用于人的前庭并传送线性和角加速度信息。执行任务所必需的指令信息不仅通过驾驶员专用技术设备获取,还可通过自然映像获取。例如,目视驾驶时,驾驶员通过将前窗记号或机头轮廓与外部方位物(地面现象、云轮廓、另一驾飞机的外形)做比较来形成偏差 $e(t)$。由此选出的记号和定位系统可以看作目视驾驶显示。

根据指令偏差的构成,显示器可分为如下几个类型(见图 1-2)。

(1)补偿型。

(2)伴随或追踪型。

(3)预测或预见型。

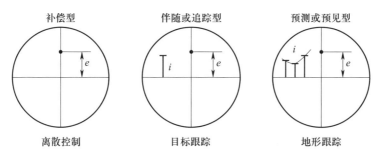

图 1-2　显示器类型

通常,补偿型显示器的数学模型是增益系数 $W_d = K_d$。该系数确定了飞机飞行状态与信号显示(仪表驾驶)或前窗投影的关系(目视驾驶)。必须注意的是,平视显示驾驶和目视驾驶时飞机感知俯仰角的系数应一致,这取决于驾驶员相对于玻璃窗的位置($L = 57.3$ cm, $K_d = 1$)。$K_d = 1$ 表示显示屏上的标记位移 1 cm 对应的 1°误差。一般来说,系数 K_d 在仪表驾驶或低头显示驾驶时小得多,大约等于 0.15。增大低头显示器尺寸或利用抬头显示器,原则上可以改变 K_d 值。广义范围内,W_d 为考虑了仪器动态特性的传递函数。在研究大气湍流飞行稳定性的任务时,信号 $d(t) = W(t)$ 作为系统的输入,传递函数作为指引仪表的控制律。其形成的信号 $\bar{e}(t)$ 一般是相应的飞机飞行状态 x_k 通过滤波器 W_k 的和(见图 1-3):

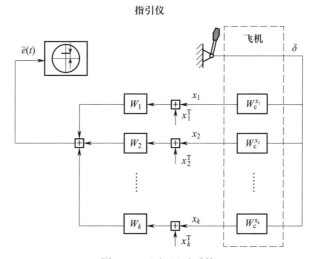

图 1-3　飞机显示系统

$$\overline{e} = \sum W_k \overline{X}_k \qquad (1-3)$$

式中，$\overline{X}_k = x_k + x_k^T$，其中 x_k 为根据舵面偏转发生变化的飞机飞行状态，x_k^T 为飞机飞行状态根据湍流扰动 W_T 的影响发生的变化，$x_T = W_{x_k}^T W_T$，其中 $W_{x_k}^T$ 为飞机在相应坐标上的传递函数根据湍流扰动发生的变化。在说明飞机沿 x_k 坐标并经过 $W_c^{x_k}$ 偏转舵面时的传递函数后，比较容易进一步取得飞机-显示系统的传递函数。

$$\frac{\overline{e}}{\delta} = \sum_{k=1}^{n} W_k W_c^{X_k} = W_c^{X_n} W_n \sum_{k=1}^{n-1} \left(1 + \frac{W_k W_c^{X_k}}{W_c^{X_n} W_n} \right) \qquad (1-4)$$

如果 $W_c^{X_n}$ 为飞机在操纵坐标上的传递函数，那么指引仪的传递函数 W_d 表达式如下：

$$W_d = W_n \sum_{k=1}^{n} \left(1 + \frac{W_k W_c^{X_k}}{W_c^X W_n} \right) \qquad (1-5)$$

由此可见，安装指引仪可以改变被控对象传递函数的零点。

必须注意的是，除了改变被控对象的动力学之外，指引仪会使系统的等效输入信号发生变化。此时，$i(t) = d(t) = \sum_{k=1}^{n} W_k X_k^T$。

表 1-2 是飞机坐标的近似传递函数 $W_{X_1}^T$ 示例。

表 1-2

X_k	$W_{X_k^T}^{\alpha}$
n_y	$\dfrac{n_y^{\alpha}(s^2 - s\overline{M}_z^{\omega_z})}{s^2 + 2\xi_k \omega_k s + \omega_k^2}$
θ	$\dfrac{\overline{M}_z^{\alpha}}{s^2 + 2\xi_k \omega_k s + \omega_k^2}$
V_y	$\dfrac{(s - \overline{M}_z^{\omega_z})V}{s^2 + 2\xi_k \omega_k s + \omega_k^2}$

$W_d = 1$ 时，补偿显示传送偏差信号 $e(t)$，$e(t) = i(t) - x(t)$。跟踪显示除了传送偏差信号外，还传送信号 $i(t)$ 和/或被控对象响应 $x(t)$。

预见显示与上述不同，其特点在于可以给出 $t = t + \tau_0$ 时的信号 $i(t)$ 和/或 $e(t)$ 的预测，其中，τ_0 为预测时间，t 为当前时刻。

传送至屏幕的信号与视觉分析器之间为非刚性联系，这使得显示为补充变量，在表征动力学参数方面非常复杂，还包括图像传送方式。特别是图 1-4 表明了向量的、两种误差信号 $e_1(t)$ 和 $e_2(t)$ 的坐标方式，此时信号被传送至一个或多个显示器。

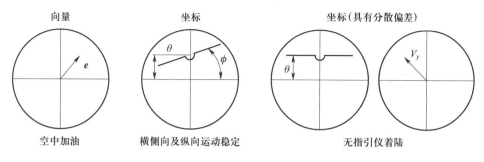

图 1-4　图像传送方式

上述显示确定了人机系统的类型,选择显示时应与所研究的驾驶任务对应。例如,图 1-3 中的第一种显示对应补偿系统,而第二种对应跟随系统(跟踪系统)。

大部分精准驾驶任务是补偿性的,例如,晴朗无云时的瞄准或对非移动目标的瞄准、飞行时遇气流颠簸的稳定性、空中加油以及按指引仪控制等。在很多情况下,如飞机瞄准空中目标(地面或云运动背景下),则人机系统是一个跟随系统,输入信号 $e(t)$ 和信号 $i(t)$ 是显示传送的指令偏差。飞机在地势复杂的峡谷中飞行时,可以根据预见显示传递地形景观信息。此时的预见系统类型通过专用驾驶显示创建,与当前信息一起给出进一步坐标预测。

每个驾驶任务根据相应的信息显示方案或方法确定。信息的向量显示方法对应于空中加油或瞄准任务,坐标方法则对应于相对地平线的姿态稳定。

1.1.2　输入信号

归纳已知驾驶任务的结果表明,输入信号 $i(t)$(跟踪任务)或 $d(t)$(稳定任务)是每个驾驶任务的典型特征。表 1-3 列举了很多任务的信号 $i(t)$ 和 $d(t)$ 频谱示例。可见,每个任务中的信号频谱在形式和参数值上都不相同。

表 1-3

任务	S_{ii}	S_{dd}
俯仰角控制[1]	$\dfrac{k^2}{(\omega^2+0.5^2)^2}$	$\left\|\dfrac{\theta^{\mathrm{T}}}{W_{\mathrm{g}}}\right\|^2 \cdot S_{W_{\mathrm{g}}}$
下滑跟踪(纵向通道)	$\dfrac{k^2}{\omega^2+0.25^2}\,(H\equiv30\ \mathrm{m},\sigma_{\Delta H}=0.75\ \mathrm{m})$	$\left\|\dfrac{d_{\mathrm{long}}}{W_{\mathrm{g}}}\right\|^2 \cdot S_{W_{\mathrm{g}}}$
下滑跟踪(横航向通道)	$\dfrac{k^2(\omega^2+1.5^2)}{(\omega^2+0.35^2)\cdot(\omega^2+10^2)}\,(H\equiv30\ \mathrm{m},\sigma_{\Delta y}=2\ \mathrm{m})$	$\left\|\dfrac{d_{\mathrm{lat}}}{V_{\mathrm{g}}}\right\|^2 \cdot S_{V_{\mathrm{g}}}$

表 1-3 中，d_{long} 和 d_{lat} 为飞机在垂直和水平面上相对下滑线的偏角；S_{W_g} 和 S_{V_g} 为垂直和横向阵风速度分量的频谱密度；θ^T 为垂直阵风作用引起的俯仰角变化。

每个驾驶任务由于各种原因，会发生频谱参数变化。例如，在以不同速度或不同高度 H 飞行时的姿态稳定任务中，参数 $\dfrac{L}{V}$ 的变化 $[L=f(H)$，为湍流强度] 确定了输入信号频谱形成滤波的频率。在不同高度飞行时，阵风速度概率分布是有区别的。

输入信号不同的空中加油任务取决于飞机之间的距离。此外，该任务的输入信号频谱参数通过加油锥管运动范围确定。

1.2　驾驶员相关变量

驾驶员是最重要的人机系统单元，其连续驾驶行为可以通过控制响应、心理-生理响应来确定。除了上述研究的变量外，对这些特性产生影响的还有其他的人机系统变量，包括如下几方面。

（1）外部环境条件变量 ε。外部环境条件变量包括过载、失重、振动、温度、噪声以及外部照明等因素。

控制过程的实现取决于这些变量。首先是过载，过载值变大时驾驶员会失去知觉。此外，值不大但持续作用的随机或交变过载及其频率也会产生实质性影响。

在若干天有限时间段中作用的交变过载，总体上会引起一系列不适，从而限制驾驶员执行目标任务的能力。研究表明，接近外部环境条件的允许变量值边界时，人机系统及驾驶员响应参数会发生变化。可进一步推断，所研究的变量位于边界内时，驾驶员可以完成控制过程。

对研究人工控制任务时的所有显著因素进行统计，可以得到更为精确的解决方案。此外，可采取工程方法来减少外部环境条件对人机系统特性的影响。

（2）过程变量 P。这些变量包括一些实验研究程序，例如驾驶员培训大纲和研究方案预测程序。这一类因素还包括驾驶员应在驾驶过程中遵守的规则，例如对任务完成精度的要求，尤其是驾驶员应保持误差信号的范围。执行补偿跟踪任务时，驾驶员应收到不同的规则，例如保持零位或一定数值范围内的误差信号。对于不同的驾驶任务，允许误差 d 的范围是不同的。执行瞄准任务时 d 值很小，而执行着陆任务时 d 值很大。提出着陆到指定跑道点要求时，d 值应比未提出要求时更小。

（3）内部变量 σ,包括疲劳、训练水平、激励等变量。

在两组不同变量之间,通常会有一定联系。例如,研究驾驶员执行任务时的规则与在驾驶台上进行实验激励之间的相互联系。此时,如果这些规则与激励相符,则这些变量将很难区别。

上述内容研究了任务变量对人机系统特性的影响,尤其是驾驶员控制及心理–生理响应的特性。还单独研究了与驾驶员相关的变量影响,即对执行驾驶任务的精度要求。

1.3　驾驶员响应特性

1.3.1　控制响应特性

下面研究补偿系统中驾驶员的控制响应特性,如图1-5所示。此处也考虑了被控对象动力学中的显示动力学 $[Y_c(j\omega)]$ 。

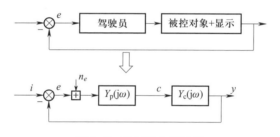

图1-5　单回路人机系统

图1-5中的驾驶员控制响应特性如下:

驾驶员描述函数为 $Y_p(j\omega)$;剩余 n_e 为驾驶员诱导的噪声,包括驾驶过程中的所有不稳定及非线性效应。一般地,这种噪声会当作描述函数的输入,此处作为感知噪声来研究。

假设信号 $n_e(t)$ 与 $i(t)$ 是独立的,描述函数 $Y_p(j\omega)$ 及剩余频谱密度的方程表示如下:

$$Y_p(j\omega)=\frac{S_{ci}(j\omega)}{S_{ei}(j\omega)} \tag{1-6}$$

$$S_{n_e n_e}=\frac{S_{n_e n_e}(\omega)}{|Y_{CL}|^2} \tag{1-7}$$

式中,频谱密度如下:

$$S_{ci}=\lim_{T\to\infty}\frac{1}{2T}\big[C(j\omega)I(j\omega)\big] \tag{1-8}$$

$$S_{ei} = \lim_{T \to \infty} \frac{1}{2T} [E(j\omega) I(j\omega)] \tag{1-9}$$

式中，$E(j\omega)$、$C(j\omega)$、$I(j\omega)$ 分别为信号 $e(t)$、$c(t)$、$i(t)$ 的傅里叶变换；$Y_{CL}(j\omega)$ 为闭环系统的频率特性，$Y_{CL}(j\omega) = \dfrac{Y_p Y_c}{1 + Y_p Y_c} = \dfrac{S_{yi}(j\omega)}{S_{ii}(j\omega)}$。

$e_n = e(t) - e_i(t)$ 及 $e_i(t)$ 为通过剩余及输入信号确定的误差分量，其傅里叶变换分别为 $E_n(j\omega) = \dfrac{-Y_p Y_c}{1 + Y_p Y_c} N_e(j\omega)$，$E_i(j\omega) = \dfrac{1}{1 + Y_p Y_c} I(j\omega)$。

频谱密度 $S_{ee}(\omega)$ 和 $S_{ii}(\omega)$ 由下式确定：

$$S_{(\cdot)(\cdot)} = \lim_{T \to \infty} \frac{1}{2T} [(\cdot)(j\omega)(\cdot)(-j\omega)] \tag{1-10}$$

式中，$(\cdot)$ 为一个可变信号。

如果 $\boldsymbol{E}(j\omega)$，$\boldsymbol{C}(j\omega)$，$\boldsymbol{I}(j\omega)$ 为向量，这些频谱密度则为相应的矩阵。

对于有限的时间段，采用式(1-6)和式(1-7)会使 $Y_p(j\omega)$ 和 $S_{n_e n_e}$ 估算困难。此时估算 Y_p 取决于信号 $i(t)$ 与 $n(t)$ 的比值 i/n。

$$\overline{Y}_p = Y_p \frac{i + n_e}{i - n_e Y_p Y_c}$$

剩余的频谱密度估算 $S_{n_e n_e}$ 等于 $0^{[1]}$。

为了解决参考文献[1]中的这些问题，提出了傅里叶系数的通用方法。此时利用多元谐波信号：

$$i(t) = \sum_k A_k \cos\omega_k t \tag{1-11}$$

式中，$\omega_k = k\omega_0$，k 为整数，$\omega_0 = \dfrac{2\pi}{T}$，可以通过傅里叶系数初步预测：

$$a_k^{(\cdot)} = \frac{2}{T} \int_0^T (\cdot) \cos\omega_k t \mathrm{d}t \tag{1-12}$$

$$b_k^{(\cdot)} = \frac{2}{T} \int_0^T (\cdot) \sin\omega_k t \mathrm{d}t \tag{1-13}$$

式中，$(\cdot)$ 代表任一测量信号，非常精确地确定了驾驶员的描述函数、噪声 $S_{n_e n_e}$ 及其他系统参数。

莫斯科航空学院利用傅里叶系数方法研究了计算所有特性的算法及软件[1]，如图 1-6 所示。

除了驾驶员描述函数 Y_p 及剩余频谱 $S_{n_e n_e}(\omega)$ 外，还可以利用输入半谐波信号 $i(t)$，得到其他系统特性、开环及闭环系统频率特性 $Y_p(j\omega) \cdot Y_c(j\omega)$、$Y_{CL}(j\omega)$、信号

及其分量 e_i 和 e_n 的频谱密度和分布、线性关系指标 $\rho(\omega_k) = \dfrac{S_{(\cdot_i \cdot_i)}(\omega_k)}{S_{(\cdot \cdot)}(\omega_k)}$ 与线性关

系综合指标 $\rho_{a\cdot}^2 = \dfrac{\sigma_{(\cdot i)}^2}{\sigma_{(\cdot)}^2}$。此处的 $\cdot_i$ 为信号 $(\cdot)$ 线性分量比,如 $e_i(t)$。

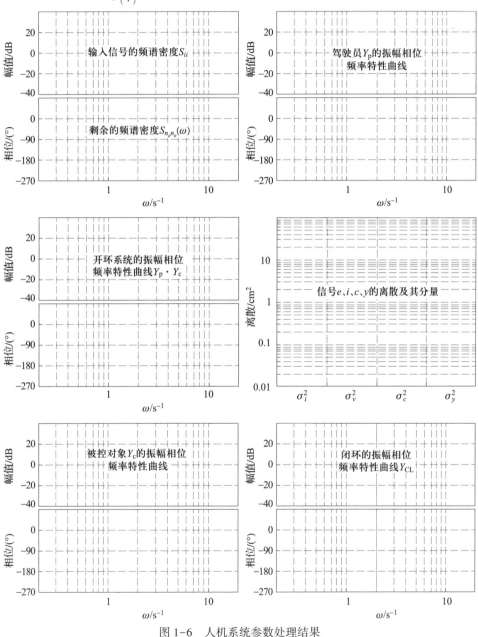

图 1-6　人机系统参数处理结果

1.3.2 心理-生理响应特性

驾驶员主观评价是评估飞行品质时广泛使用的一种心理-生理响应特性,是根据专业量度定义的。在不同的动力学及飞行控制任务研究实践中,应用最广泛的两种等级评定为库珀-哈珀评价准则和驾驶员诱发振荡评价准则。

库珀-哈珀评价准则始于20世纪50年代,其研究经历了几次变化。它获得了广泛应用,因为说明简单,驾驶员提供的数值也便于理解。此外,可以比较不同研究中心得出的研究结果,建立不同目标的数据库。等级评定内容分析表明,在实验中要达到的以及驾驶员行为补偿所需的精度(品质),其相关语言描述应符合驾驶员的每个评估数值(见图1-7)。

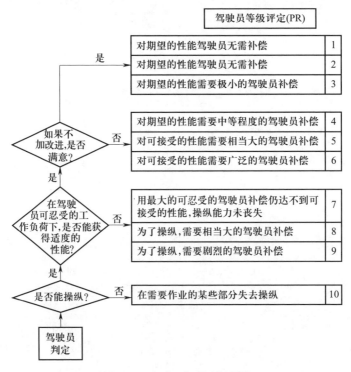

图1-7 库珀-哈珀评价准则

最好的驾驶员评价 PR=1,符合最优飞行品质。对于高精度跟踪任务,这些特性保证了无驾驶员补偿时的驾驶精度最高。这种驾驶员行为符合最简单的比例类型,此时,在较大频率范围内,操纵杆偏转与驾驶员的同一增益系数误差信号成正比。

PR=4 定义了保证精度不低于"期望"的飞行品质边界。

PR=6 定义了保证精度不低于"可接受"的飞行品质边界。

PR＝7、8、9 表示不能保证足够精度的飞行品质。

PR＝9 定义了可以人工控制的飞行品质界限。

PR＝10 表示驾驶员任何试图驾驶飞机的行为，都会导致闭环系统不稳定。

因此，9＜PR＜10 表示可人工控制的飞行品质界限（如 PR＝9.5）。

驾驶员工作负荷指的是完成必要特性的驾驶任务时飞机负面动力学特性的补偿程度。补偿程度使用"无需""极小""中等程度""相当大""剧烈"等术语进行定义。PR＝3.5 可看作一级和二级之间的界限，而 PR＝6.5 是二级和三级飞行品质之间的界限。

另一个用于评价 PIO 现象的评价准则 PIOR，如图 1-8 所示。

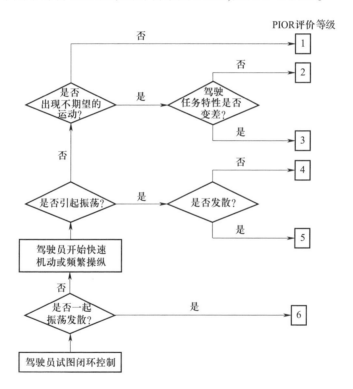

图 1-8 驾驶员诱发振荡的评价准则

PIOR 评价准则的数值表示了该现象出现的程度。PIOR 分析表明，所有评价都可以分为以下两类。

第一类（PIOR＝1~4）表明人机系统闭环时产生 PIO 趋势的程度。PIOR＝4 对应闭环系统中的振荡产生。PIOR＝3 表示精度（任务特性）变差，不发生振荡。此时需要减小驾驶员增益系数来抑制振荡。3＜PIOR≤4（如 PIOR＝3.5）对应确定

PIO 趋势的边界。

第二类(PIOR=5~6)包括所有不稳定过程,如驾驶员闭环(PIOR=5)或仅尝试闭环(PIOR=6)。此时闭环的人机系统中产生 PIO 现象,需要通过系统分析研究。

库珀-哈珀及 PIOR 评价准则广泛应用于同一个研究中。参考文献[8-10]中对大量的动力学构型(Neal-Smith 构型、LAHOS、Have PIO)进行了研究。上述这些数据库的动力学构型参数见附录。这些数据库的 PR 及 PIOR 对比表明了 PR 和 PIOR 之间的符合性很好(见图 1-9),可表示为:

$$PIOR = 0.5PR + 0.25 \tag{1-14}$$

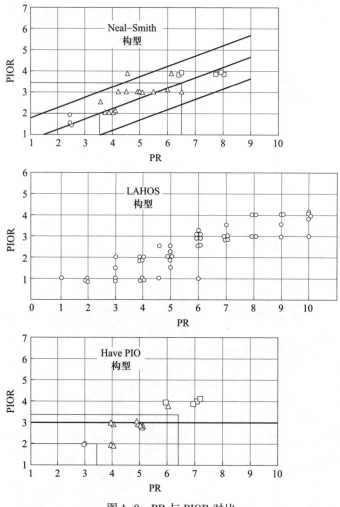

图 1-9 PR 与 PIOR 对比

由式(1-14)可知,PR = 3.5、PR = 6.5、PR = 9.5 对应 PIOR = 2、PIOR = 3.5、PIOR = 5;PIOR = 2 表示无 PIO 现象。PIOR = 3.5 对应执行任务品质变差与出现振荡衰减之间的边界。PIOR = 5 表示控制过程伴随着不稳定。

1.4 驾驶员对飞机飞行品质主观评价的统计特点

20 世纪 90 年代末期,很多实验研究表明[8-9]:从一个实验到另一个实验的结果变化很大,不同的驾驶员参与研究时结果也有差异。图 1-10 中列举了驾驶员执行着陆任务时不同动力学构型评价结果的变化,指出了 PR 评价的随机性。下文列举了基于莫斯科航空学院实验数据得到的主观评价统计特性研究结果。

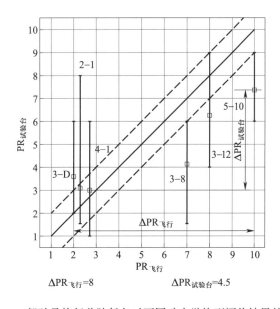

图 1-10 驾驶员执行着陆任务时不同动力学构型评价结果的变化

在飞行模拟器的研究中,驾驶员进行了 Have PIO 数据库(见附录表 1)的 2-1、4-1、3-D、3-8、3-1、5-10 等构型的着陆任务。

在垂直阵风影响下进行所有实验,扰动按照(1-cos)规律模拟垂直阵风,如下:

$$W_g(t) = \begin{cases} 0, & t < t_i, t > t_f \\ A_w \left\{ 1 - \cos\left[\dfrac{2\pi}{t_d}(t_f - t_i) \right] \right\}, & t_i < t < t_f \end{cases} \tag{1-15}$$

式中，$A_w = 2$ m/s，阵风的作用时间 $t_d = 10$ s，阵风作用的开始时间 t_i 和结束时间 t_f 选取原则是从着陆点开始到 200~300 m 距离内结束，在 $t_i \sim t_f$ 时间段内阵风数为整数倍。大多数实验选取的阵风开始时间为 45 s。

滚转通道下，飞机动力学可以用传递函数表示为

$$Y_c = \frac{K_\phi}{s(Ts+1)}, \quad T = 0.3 \text{ s} \qquad (1-16)$$

对于每个构型的两个控制通道，飞机增益系数的选择通过驾驶员执行着陆进场任务过程来实现。操纵杆特性设定为在实验过程中驾驶员选择的刚度和阻尼不变。

在每个实验中，驾驶员都面对飞机定点着陆的任务（见图 1-11）。应选择以下着陆条件：飞机严格按照下滑轨迹运动，与跑道端距离 286 m 的倾角 $\gamma_0 = 2°40'$。

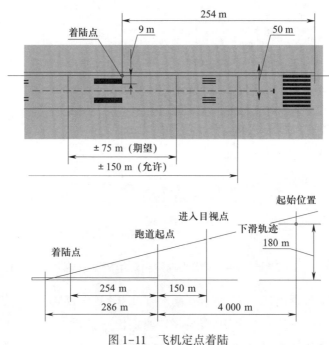

图 1-11 飞机定点着陆

下滑飞行有两个阶段：第一阶段，从距离跑道端 4 km 开始，高度 180 m，仪表飞行（盲飞）；第二阶段，150 m 内开始，拉平前到切入跑道，包括外部环境仿真系统。

按照库珀-哈珀评价准则，实验后驾驶员给出每个构型的纵向及横航向通道

飞行品质评价(PR_θ和PR_ϕ)。实验前,需要告知驾驶员完成任务的期望特性和可接受特性(见表1-4)。

表1-4

项目	期望特性	可接受特性
与接地点的偏差	纵向:±75 m	纵向:±150 m
	横航向:±1.5 m	横航向:±7.5 m
最大垂直速度	$V_y = 1.5 \text{ m/s}$	$V_y = 2.5 \text{ m/s}$

　　每个动力学构型都要进行19~24组实验。每组实验包括完成3次着陆,每次沿下滑轨迹的飞机位置不同。图1-12是从22个实验中得到的其中一个动力学构型(HP 4-1)的主观评价。

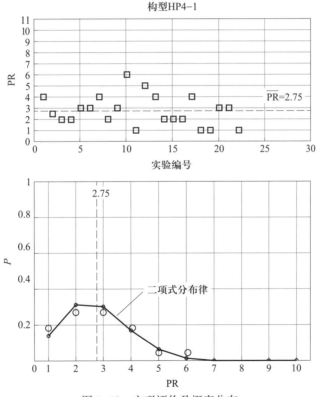

图1-12　主观评价及概率分布

　　此处还列举了各个评价的概率,例如总体评价数目中的个别评价数量,PR评价的概率呈二项式分布规律,用于计算平均评分$\overline{PR}$。选择二项式分布的依据如下:PR评价整数是随机值,按照库珀-哈珀评价准则从1~10变化。可见,平均评分$\overline{\text{PR}}$接近 1 或 10 时，$\overline{\text{PR}}$分布不对称。例如，$\overline{\text{PR}}$接近 1 时，它们可能只比 1 大。评价等级在平均区域内时，分布规律接近正态分布。整数变量 x 的概率二项式分布律具有如下特性：

$$P(x) = C_n^m s^m q^{n-m} \tag{1-17}$$

式中，P 为每个实验的事件概率；x 从 0 到 n 变化。数学期望 $M(x) = nq$；$q = 1-s$。

对于二项式分布律，随机值 x 的分布根据关系式确定：

$$\sigma^2 = sn(1-s) \tag{1-18}$$

所研究的情况中，评分从 1~10 变化。$n=9$，$m=\text{PR}-1$ 时 PR 评分的二项式分布如下：

$$P(\text{PR}) = C_9^{\text{PR}-1} s^{\text{PR}-1} (1-s)^{10-\text{PR}} \tag{1-19}$$

式中，$s = \dfrac{\overline{\text{PR}}-1}{9}$；$C_9^{\text{PR}-1} = \dfrac{9!}{(\text{PR}-1)!\ (10-\text{PR})!}$

所研究的分布特点如下：PR 的动力学构型评价概率只由一个分布特性（即平均值$\overline{\text{PR}}$）确定。

考虑了 s 的表达式，均方根值 σ_{PR} 的表达式为

$$\sigma_{\text{PR}} = \sqrt{\frac{(\overline{\text{PR}}-1)(10-\overline{\text{PR}})}{9}} \tag{1-20}$$

根据式（1-20）可见，平均值$\overline{\text{PR}}$近似于 1 或 10 时，均方根差接近 1。因此，对于接近 1 的情况，评价概率 PR=1 或 PR=10。

尽管实验数量有限，但对于大多数构型，二项式分布仍可以很好地与实验结果匹配。

利用二项式分布描述驾驶员评分分布概率，较好地匹配了驾驶员评价均方根差，其根据实验结果计算：

$$\sigma_{\text{PR}}^{\text{exp}} = \sqrt{\frac{\sum_1^k (\text{PR} - \overline{\text{PR}})^2}{k-1}} \tag{1-21}$$

根据二项式分布计算的均方根差 σ_{PR} 如图 1-13 所示[1]。

考虑了关系式 $\sigma_{\overline{\text{PR}}} = \sigma_{\text{PR}}/N$，期望值 $\sigma_{\overline{\text{PR}}}$ 的分散与均方根差 σ_{PR} 的关系（N 为实验数量）以及 PR 二项式分布的正确性，参考文献[1]中得到实验数量 N 表达式如下：

$$N = \frac{(\text{PR}-1)(10-\text{PR})}{9\sigma_{\text{PR}}^2} \tag{1-22}$$

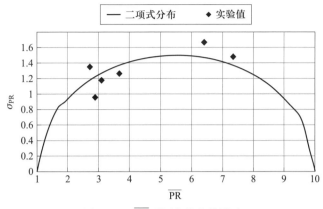

图 1-13　$\overline{PR}$ 对评分分布的影响

由图 1-14 可知,需要的实验数量取决于期望评分值。它在最好及最坏评价时是最小的,在 PR 平均值范围内则是最大值。当 $\sigma_{\overline{PR}} = 0.7 \sim 1$ 时,实验数量不超过 2~3 个。

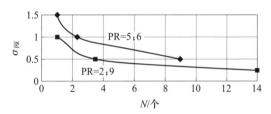

图 1-14　评分分布与所需实验数量的关系

除了必需的实验数量外,PR 评价分布的规律可以获取其他重要结果。

根据库珀-哈珀评价准则所述,PR = 10 对应驾驶员失去控制的情况,其次是飞机。因此,要确定PR不同平均值时驾驶员错误行为达到 PR = 10 的概率。图 1-15 为根据二项式分布建立的关系曲线。

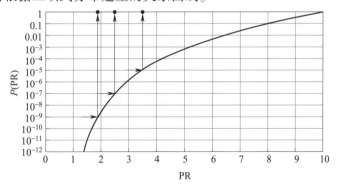

图 1-15　驾驶员错误行为导致的事故发生概率

综上所述,如果飞行品质属于二级或是三级,则驾驶员错误行为导致的灾难性事件发生概率高。对于一级品质,则会减少到可接受水平。因此,当$\overline{PR}=3.5$时,达到 PR=10 的概率(产生灾难性事件的概率)接近 10^{-5}。根据二级品质飞机的要求,系统故障产生的灾难性事故概率不应超过 10^{-7},这意味着如果驾驶员作为系统之一,则必须使飞机飞行品质$\overline{PR}<2.5$。根据得到的关系式可知,三级的飞机飞行品质应使驾驶员$\overline{PR}<1.9$,这样才能保证已知的灾难产生频率不超过 10^{-9}的要求。目前,对于所有级别的飞机,要求飞行品质均为$\overline{PR}=3.5$。因此,飞行品质与飞行安全之间的关系说明了保证不同级别飞机所允许的评分要求需要修正。

2 单回路跟踪任务下的驾驶员行为规律知识库

2.1 驾驶员行为一般特性

在 20 世纪 60—70 年代,单回路人机系统主要研究被控对象的动态过程简化为 $\left[Y_c = k; \dfrac{k}{s}; \dfrac{k}{s(Ts+1)}; \dfrac{k}{s^2}\right]$ 的驾驶员行为规律[1-3]。此时,输入信号 $S_{ii}(\omega)$ 的频谱呈矩形,由频率到某一频率 ω_i(由输入信号的带宽决定)的固定幅值振幅谐波构成,随后幅值急剧减小[1]。莫斯科航空学院通过近 20 多年工作得到的附加参数,进一步扩展了上述研究结果。除了单回路跟踪任务之外,还研究了更为复杂的控制任务下的驾驶员行为规律。

对输入信号频率 ω_k 下的人机系统全部特性进行辨识,包括线性相关指标 $\rho(\omega_k)$、系统的线性综合指标 $\rho_{a_e}^2$、驾驶员行为描述函数 $Y_p(j\omega)$ 以及剩余频谱密度 $S_{n_e n_e}(\omega)$。所得结果与表 2-1 进行对比,得出了关于人机系统类型的结论[1]。

表 2-1

系统类型	描述函数	剩余频谱密度 $S_{n_e n_e}$	$\rho(\omega)$	$\rho_{a_e}^2$ 或 $\rho_{a_c}^2$
具有常系数的线性系统	$Y(j\omega)$	0	1	1
具有变系数(随机变化)和/或连续噪声的线性系统	$Y(j\omega)$	连续的 $k_3 A_i^2 \varphi(\omega)$	<1	<1
线性离散系统(固定离散频率)	$Y(j\omega)$	线性的 $\displaystyle\sum_{m=1}^{\infty} k_2 A_i^2(\omega_0 \pm m\omega_s)$	1	<1
非线性系统	$Y(j\omega, A_i)$	线性的 $\displaystyle\sum_{m=1}^{\infty} k_1 f(A_i)\delta(m\omega_0)$	1	<1

如果被控对象的动态过程不包含非线性,则通过这些辨识结果就可以判断驾驶员行为特性或类型。在单回路系统中,驾驶员时刻保持跟踪误差最小。研究结果表明,输入信号方差 σ_i^2 在相当大的范围内变化时,驾驶员行为具有变参数的线性特性。

在超前操纵大、输入信号方差小并开始出现感知极限的情况下,驾驶员行为呈非线性(见图 2-1)。此时,驾驶员的增益系数和相关的开环系统穿越频率稍减小,规定的剩余频谱密度 $\overline{S}_{n_e n_e}=S_{n_e n_e}/\sigma_e^2$ 及误差方差 σ_e^2/σ_i^2 增大。其中,σ_e^2 和 σ_i^2 分别为误差信号 $e(t)$ 和输入信号 $i(t)$ 的方差。

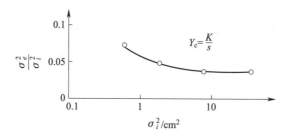

图 2-1　感知极限对操纵精度的影响

实验结果表明,在不需要误差信号方差 σ_e^2 的超前操纵中,规定的剩余频谱密度会使结果分布集中。此外,在被控对象需要显著的超前操纵时,所测得的误差信号导数方差 σ_e^2 的规定频谱密度也得到了类似结果。因此,规定的频谱密度 $\overline{S}_{n_e n_e}$ 与方差无关,剩余倍增特性与观测噪声倍增特性相关,它由驾驶员描述函数的可变参数确定[1]。如果被控对象呈非线性,则被控对象及驾驶员频率特性的平滑度会变差,噪声显著增加。

2.2　驾驶员对可变人机系统的自适应

驾驶员频率特性分析表明,驾驶员会有目标地选择操纵行为。此时,可变人机系统的自适应特性不仅出现在穿越频域中[1-2],也存在于以下三个频域:

(1) 中频域:$\omega_c-\delta\omega_i \leqslant \omega \leqslant \omega_c+\delta\omega_i$。

(2) 低频域:$0<\omega<\omega_c-\delta\omega_i$。

(3) 高频域:$\omega_c+\delta\omega_i<\omega$。

ω_c 为穿越频率;$\omega=\omega_c-\delta\omega_i$ 为从开环系统的幅频特性 $|Y_p(j\omega)\cdot Y_c(j\omega)|$ 开始,斜率接近 -20 dB/dec 的频率;$\omega=\omega_c+\delta\omega_z$ 为开环系统 $Y_p(j\omega)\cdot Y_c(j\omega)$ 相位 $-180°$ 对应的频率。

ω_c、$\delta\omega_i$、$\delta\omega_z$ 的值取决于人机系统的多个变量。

在输入信号频谱和被控对象动态效应的研究中出现了最复杂的驾驶员自适应特性。

2.2.1　输入信号的频谱效应

输入信号带宽 ω_i 变化会影响针对性补偿。矩形带宽由功率剧烈变化的频率确定,而平滑频谱则由频谱 $S_{ii}(\omega) = K^2/(\omega^2+\omega_i^2)^m$ 中的参数 ω_i 以及 m 确定,其中 m 由频谱的斜率或形式确定。

实验结果表明,这些参数在很大程度上影响了驾驶员 $Y_p(j\omega)$ 和开环系统 $Y_p(j\omega) \cdot Y_c(j\omega)$ 在中低频域的频率特性。高频时,输入信号带宽的增大会引起驾驶员频率特性的谐振峰值轻微增大,在频率上也随之产生峰值[1]。在矩形或者平缓($m \geqslant 3$)频谱的穿越频域内,带宽减小导致穿越频率 ω_c 减小以及驾驶员行为相位滞后增加,最终导致转角模型的等效时间延迟 τ_e 增大。

$$Y_p \cdot Y_c = \frac{\omega_c}{j\omega}e^{-j\omega\tau_e} \tag{2-1}$$

如图 2-2 所示,由实验得到的 $\omega_{c_{exp}}$ 和 $\tau_{e_{exp}}$ 只与 $\omega_i = 1$ rad/s 以内的已知结果匹配较好。实验是在小带宽和保持零位误差信号条件下完成的。当输入信号带宽 $\omega_i = 1 \sim 4$ rad/s 时,结果差异很大。当 $\omega_i > 1$ rad/s 时,ω_c 和 τ_e 为

$$\begin{aligned} \omega_c &= \omega_{c_0}(Y_c) + \Delta\omega_c(\omega_i) \\ \tau_e &= \tau_{e_0}(Y_c) - \Delta\tau_e(\omega_i) \end{aligned} \tag{2-2}$$

式中,$\Delta\omega_c = 0.18\omega_i$,$\Delta\tau_e = 0.08\omega_i$[1-2]。

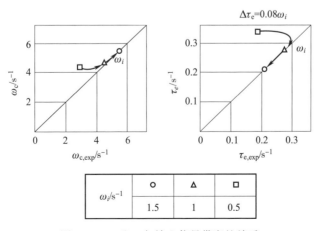

ω_i/s^{-1}	○	△	□
	1.5	1	0.5

图 2-2　ω_c 和 τ 与输入信号带宽的关系

如图 2-3 所示,输入信号频谱($m = 1 \sim 2$)确定时,输入信号带宽变化与$\omega_c = f(\omega_i)$相反。此时,ω_i减小会引起穿越频率增大、驾驶员行为相位滞后减小以及开环系统幅频特性增大。

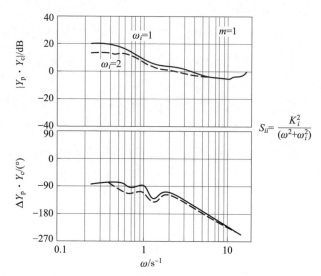

图 2-3　频谱宽度 ω_i 对开环系统幅频特性的影响

利用人机系统数学模型来描述带宽和形状的影响,并假设驾驶员在完成跟踪任务时尽量减小跟踪误差。

对带宽 ω_i 的研究表明所得结果与允许误差范围 d 的关系。d 增大时,不会影响 $\omega_c = f(\omega_i)$ 特性,但会降低 d 对驾驶员输入超前量的要求。

此外,输入信号带宽及形状的改变会引起低频区输入影响的功率集中,即 ω_i 减小,小于$1 \sim 1.5$ rad/s 中的一个值,m 增大($m > 2$),大部分精确驾驶具有该特性。因此,在人机开环系统穿越频率 ω_c 范围内,驾驶员对跟踪误差信号的视觉感知能力降低,导致驾驶员频率特性在低频区域发生变化。如图 2-4 所示,开环人机系统幅频特性$|Y_p(j\omega) \cdot Y_c(j\omega)|$显著增大,表征了驾驶员行为进一步的低频补偿。

大量实验结果表明,上述规律通常由经过高度训练的驾驶员表现出来,驾驶员以最大注意力完成跟踪任务,并时刻保持跟踪误差最小。驾驶员注意力降低一般是因为训练不足或是需要完成附加的跟踪任务。允许误差值增大使低频补偿小于表达式。所有研究对象在低频输入时普遍出现过这种补偿,在被控对象动态特性接近最优并用积分环节 $Y_c = K/s$ 描述时最为明显。带宽 ω_i 减小造成驾驶员行为幅频特性在低频区域时与增益环节有很大不同。

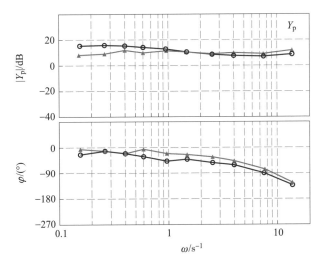

图 2-4　驾驶员行为低频补偿

人机系统的数学建模分析显示了驾驶员通过附加补偿来提高跟踪精度。低频补偿的能力主要由驾驶杆类型决定。例如，小型驾驶杆可以使驾驶员完成比中央杆更大的低频补偿（见图 2-5）。

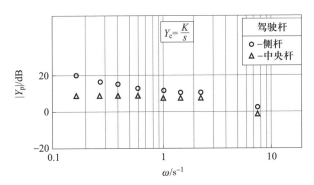

图 2-5　驾驶杆类型对低频补偿的影响

矩形输入信号频谱的特征还表现在驾驶员相频特性 $Y_p(j\omega)$ 在低频域负值增大，因为驾驶员进行了附加的平滑补偿。这种规律主要取决于被控对象的动态特性。

2.2.2　被控对象线性动态的影响

每个操纵任务都对应着被控对象的某种动态。被控对象 ω_c 的传递函数参数根据飞行状态改变。大量关于 ω_c 对人机系统特性影响的研究基本是针对简化的动态模型,主要集中于穿越频域的人机系统特性。对被控对象 ω_c 的多组传递函数(包括实际的操纵任务)的研究表明,在不同的频率范围,驾驶员行为的自适应特性和人机系统特性要比已知的假设更为复杂。在穿越频域,驾驶员改变自己的描述函数,保持开环系统特性不变,其模型可用转角模型[见式(2-1)]表示。该模型的参数 ω_c 和 τ_e 由被控对象在穿越频域的频率特性和输入信号的带宽确定,分别从式(2-2)中选取。由式(2-1)可知,当被控对象 $Y_c = \dfrac{K}{s(Ts+1)}$ 时,驾驶员应该进行超前操纵 $Y_c \cong K_p(T_L s+1)e^{-\tau s}$。其中,常数 T_L 约等于非周期环节常数,它的限制值为 $5s$[1]。

通过实验得出上述假设。因此,当被控对象传递函数 $Y_c = \dfrac{K}{s}$ 时,驾驶员不应在中频域内进行任何补偿,以确保操纵的最高精度。如图 2-6 所示,驾驶员的超前补偿会引起精度降低、驾驶员主观评价变差以及剩余的标准频谱密度变大,$\bar{S}_{n_e n_e} = \dfrac{S_{n_e n_e}}{\sigma_e}$。

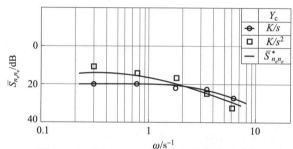

图 2-6   不同 $Y_c(j\omega)$ 下的规定剩余频谱密度

如图 2-7 所示,在穿越频域内,尽管驾驶员努力保持开环系统的斜率不变,但在很多情况下这比用已知微积分环节描述的模型更难适应。此时驾驶员描述函数为[3]

$$Y_p = K_L \frac{T_L j\omega + 1}{T_1 j\omega + 1} e^{-j\omega\tau} \tag{2-3}$$

很多研究假设驾驶员的高频特性是由神经-肌肉系统和驾驶杆特性决定的[1]。对被控对象动态效应的大量分析表明,它极大影响了该频域的测量特性。当直接靠近频率 $\omega_c + \delta\omega_z$ 时,驾驶员行为的幅相特性由驾驶员在中频区域的补偿确定。高频时驾驶员行为出现了特有的幅频特性谐振峰。它的幅值和频率不仅取决于驾驶杆特性,还取决于被控对象的动态特性。此外,实验中还普遍存在着更高阶或相位延迟的被控对象,峰值频率减小,谐振峰变缓,如图2-8所示。研究结果还指出在高频时驾驶员进行了额外补偿。

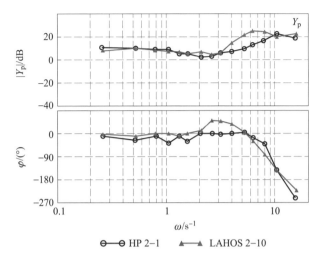

图2-7　不同被控对象动态下的驾驶员频率特性

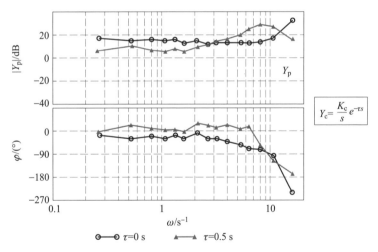

图2-8　被控对象延迟对驾驶员频率特性的影响

2.2.3　被控对象增益系数的影响

在构型 HP 2-1(一级构型)和 LAHOS 2-10(三级构型)的实验中进行了相关研究,详见附录表1和附录表2。实验中驾驶员应保持误差范围 $d^* = \pm 0.5$ cm。如图2-9和图 2-10 所示,增益系数 K_c 增大导致闭环系统出现谐振峰(对于 HP 2-1构型)和驾驶员超前行为增大。此时每个跟踪误差的方差约为常数。

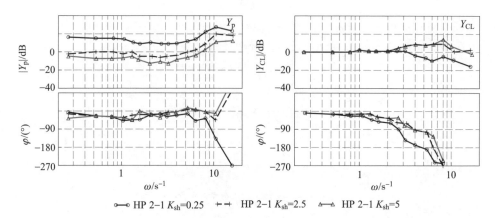

图 2-9　K_c 对闭环系统 Y_{CL} 及驾驶员频率特性 $Y_p(j\omega)$ 的影响（HP 2-1 构型）

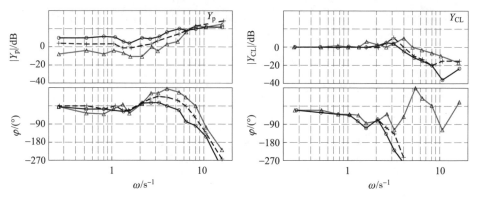

图 2-10　K_c 对闭环系统 Y_{CL} 及驾驶员频率特性 $Y_p(j\omega)$ 的影响（LAHOS 2-10 构型）

对于 LAHOS 2-10 构型，K_c 增大不会导致闭环系统谐振峰增大，此时驾驶员的超前行为明显提高（见图 2-10）。此外，K_c 增大引起了方差 $\sigma_{e_n}^2$ 增大。当 HP 2-1 构型下 $K_c>5$ 或 LAHOS 2-10 构型下 $K_c>1$ 时，$\sigma_{e_n}^2$ 值高于输入信号误差的修正方差。K_c 值在 4 rad/s 附近的频域时，驾驶员噪声引起误差信号分量 e_n 的频谱密度 $S_{e_n e_n}$ 高于输入修正误差信号分量 e_i 的频谱密度 $S_{e_i e_i}$，如图 2-11 所示。

如图 2-12 所示，它可以用周期为 4 rad/s 频率的谐振现象解释。对于 LAHOS 2-10 构型，该特性出现在 1.5~2 rad/s 的频域内（见图 2-13）。在靠近 4 rad/s 或 1.5~2 rad/s 的频域内，存在驾驶员触发的周期性发散振荡（PIO 现象）（见图 2-13）。对于 LAHOS 2-10 构型，振荡频率接近 1.8 rad/s；对于 HP 2-1 构型，振荡频率接近 3.8 rad/s。

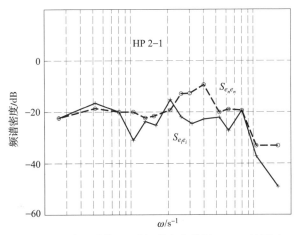

图 2-11　增益系数 K_c 对频谱密度分量 $S_{ee}(\omega)$ 的影响

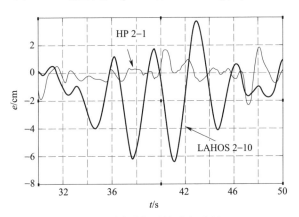

图 2-12　不同对象下的瞬态过程 $e(t)$

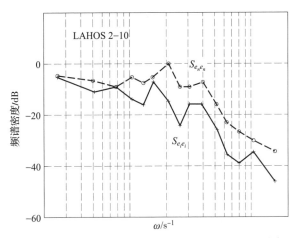

图 2-13　增益系数 K_c 对频谱密度分量 $S_{ee}(\omega)$ 的影响

因此,建议将以下参数作为 PIO 现象的指标:

$$\rho(\omega) = \frac{S_{e_n e_n}(\omega)}{S_{e_i e_i}(\omega)} \quad (2-4)$$

当 $\rho(\omega) > 1$ 时,系统大概率出现周期性的发散振荡。

图 2-14 展示了两个构型的关系曲线 $\sigma_e^2 = f(K_c)$。可见,一级飞行品质对应的构型曲线更加平缓。

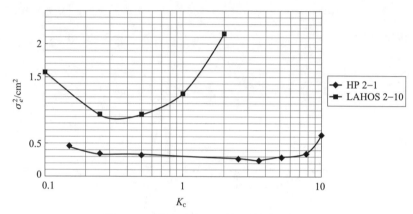

图 2-14 增益系数 K_c 对驾驶精度的影响

2.2.4 高自动化飞机特性的影响

主要研究非线性控制律和控制系统部件限制的影响,以及引起被控对象相位滞后增大的附加滤波器效应。

1) 高自动化控制系统中非线性的影响

对于现代高自动化飞机,典型的非线性是舵面偏转速率的限制和非线性的前置滤波器。

舵面偏转速率的限制对现代飞机来说不是新的特性。但对于高自动化飞机,则表征了飞机等效频率特性的本质变化,它在静不稳定的布局下会很不稳定。

在高自动化飞机特有的反馈条件下,研究限制对舵面偏转速率的影响。

图 2-15 显示了包含 ω_z 和 n_y 反馈、作动器及角速率 $\dot{\delta}_{max}$ 限制环节的飞控系统。

在不考虑作动器动态和速率限制的情况下,利用该图可实现不同的数据库构型。当前研究中选取了增益系数 K_{ω_z} 和 K_{n_z} 及滤波器参数 Y_{CL},使飞机处于传递函数 $Y_c^* = \dfrac{0.5(s+0.7)}{s^2 + 2 \cdot 0.5 \cdot 0.7 s + 0.7^2}$ 描述的初始动态,得到 HP 2-1(一级构型)和 LAHOS 2-10(三级构型),如表 2-2 表示。

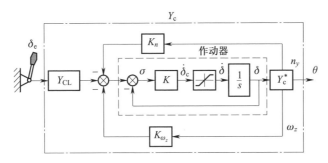

图 2-15　HP 2-1 和 LAHOS 2-10 构型的非线性控制系统结构图

表 2-2

构型	K_{ω_z}	K_{n_y}	Y_c
HP 2-1	4.74	1.60	$\dfrac{\theta}{\delta_e} \cong \dfrac{K_c(1.4s+1)}{s(s^2+3.72s+5.76)}$
LAHOS 2-10	3.84	1.54	$\dfrac{\theta}{\delta_e} \cong \dfrac{K_c(1.4s+1)}{s(s^2+2.622s+5.29)(0.062s^2+0.35s+1)}$

此外,对 $\dot{\delta}_{max}=150(°)/s$ 和 $\dot{\delta}_{max}=30(°)/s$ 的情况进行了研究。

当 $\dot{\delta}_{max}=150(°)/s$ 时,速率限制并不影响被控对象的动态特性;当 $\dot{\delta}_{max}=30(°)/s$ 时,则会产生实质性的影响。此时相位滞后增大,被控对象频率特性出现谐振峰。在两种构型的实验中,驾驶员按照任务书保持误差信号在 $d=\pm 0.5\ cm$ 范围内。图 2-16 和图 2-17 显示了通过数据处理得到的闭环系统频率特性 $Y_{CL}(j\omega)$。

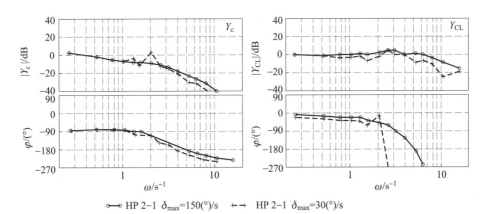

图 2-16　飞机频率特性 $Y_c(j\omega)$ 及闭环系统频率特性 $Y_{CL}(j\omega)$(HP 2-1 构型)

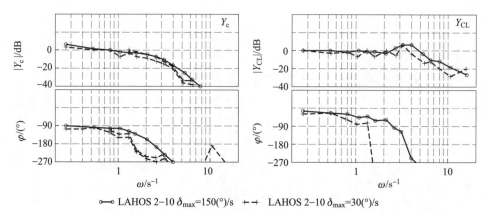

○—○ LAHOS 2-10 $\delta_{max}=150(°)/s$　+—+ LAHOS 2-10 $\delta_{max}=30(°)/s$

图 2-17　飞机频率特性 $Y_c(j\omega)$ 及闭环系统频率特性 $Y_{CL}(j\omega)$（LAHOS 2-10 构型）

由此可见,对于 HP 2-1 构型和 $\dot{\delta}_{max}=150(°)/s$,闭环系统不出现谐振峰（$r\approx3$ dB）。此时要求高精度操纵的驾驶员相位超前增大到了 30°。如图 2-18 所示,人机系统产生的舵偏速率不超过 $100(°)/s$,个别瞬间除外。

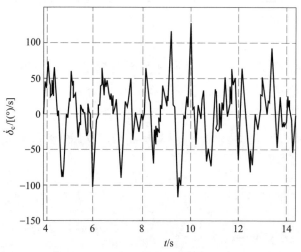

图 2-18　升降舵偏转角速度指令 $\dot{\delta}_{c(t)}$
注:$\dot{\delta}_{max}=150(°)/s$。

当 $\dot{\delta}_{max}$ 减小到 $30(°)/s$ 时,由于误差信号的相关和不相关分量增大,导致任务完成精度显著降低。两种被控对象的频率特性也因 $\dot{\delta}_{max}$ 限制的影响而发生很大变化。如图 2-19 所示,非线性的输入信号明显超过 $\dot{\delta}_{max}$[有时等于 300~400(°)/s]。

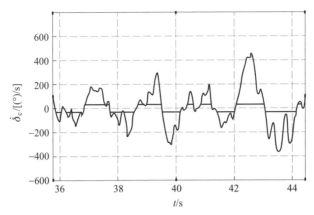

图 2-19　升降舵偏转角速度指令 $\dot{\delta}_{c(t)}$

注：$\dot{\delta}_{\max} = 30(°)/s$。

因此，飞机的频率特性发生改变，开始变得不平滑，并且在飞机有效的动态中出现了附加的相位滞后。此时，闭环系统的谐振峰 r 变小，系统的频率特性出现幅值陡降，如图 2-16 和图 2-17 所示。驾驶员的超前补偿显著增大并达到了 60°。对误差频谱分量 $S_{e_i e_i} = S_{ii} \left| \dfrac{1}{1 + Y_c Y_p} \right|^2$ 和 $S_{e_n e_n}$ 的测量表明，在一定的频域内（2 rad/s 左右），$S_{e_n e_n}$ 的频谱密度超过了 $S_{e_i e_i}$，并在该频域内有谐振峰（见图 2-20）。

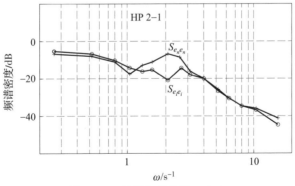

图 2-20　频谱密度分量 $S_{ee}(\omega)$

该特性在 LAHOS 2-10 构型中较为明显。如图 2-21 所示，$\dot{\delta}_{\max} = 150(°)/s$ 的构型实验证明了驾驶员有显著的超前量（达到了 70°~80°），且谐振峰 $r = 8~9$ dB，但 $\dot{\delta}$ 未达到 150(°)/s。

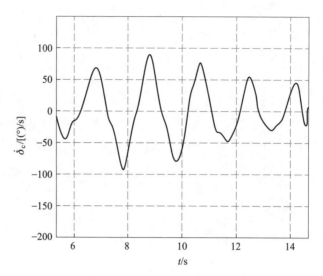

图 2-21   升降舵偏转需用速度 $\dot{\delta}_{c(t)}$
注: $\dot{\delta}_{max} = 150(°)/s$。

如图 2-22 所示,当 $\dot{\delta}_{max} = 30(°)/s$ 时,较大需用速度 $\dot{\delta}_c$ 导致飞机有效动态显著变化(大于 HP 2-1 构型的变化),因此速率有时可达到 $400 \sim 600(°)/s$。

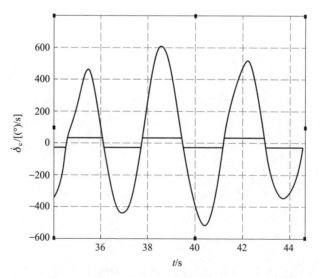

图 2-22   升降舵偏转需用速度 $\dot{\delta}_{c(t)}$
注: $\dot{\delta}_{max} = 30(°)/s$。

实验中,闭环系统谐振峰 r 减小,误差及与输入信号不相关部分显著增大。测量频谱密度 $S_{e_n e_n}$ 和 $S_{e_i e_i}$ 可知,$S_{e_n e_n}$ 在 $\omega \approx 2$ rad/s 频域内存在明显的谐振峰。在此频域内,谐振峰比频谱密度 $S_{e_i e_i}$ 高很多,如图 2-23 所示。在 LAHOS 2-10 构型和 $\dot{\delta}_{max} = 30(°)/s$ 的实验中,$e(t)$ 的瞬态过程显示了驾驶杆快速偏转时出现幅值增加的振荡(见图 2-24)。

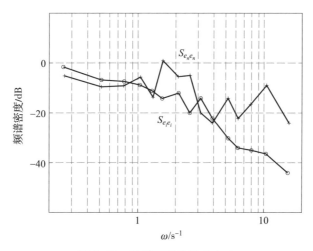

图 2-23　频谱密度分量 $S_{ee}(\omega)$

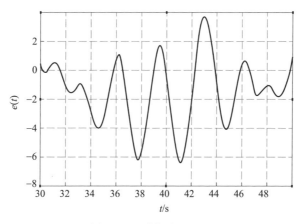

图 2-24　瞬态过程 $e(t)$

当驾驶员积极性降低后,这种振荡会消失。由此可知,$\dot{\delta}_{max}$ 影响显著时,闭环系统的谐振峰不是判定 PIO 现象或趋势的参数。如前所述,PIO 现象可以由参数 $\rho = \dfrac{S_{e_n e_n}}{S_{e_i e_i}}$ 确定。当 $\rho \gg 1$ 时,人机系统存在 PIO 现象。

　　由于升降舵所需的舵偏速率过大,因此需要使用专门的降低措施,例如使用控制系统的前置滤波器。

　　非线性的控制系统前置滤波器。控制系统具有非线性滤波器和控制律,这是高自动化飞机的一种显著特征。由于存在大量稳定性问题需要引入前置滤波器,因此当超出舵面偏转速率限制边界值时,系统会进入自激振荡或不稳定。

　　如图 2-25 所示为苏联航天飞机"暴风雪"号的纵向控制系统上安装的一种自适应前置滤波器[14]。非线性限制滤波器调节算法用于保护纵向通道控制系统免受驾驶员过于积极的操纵,滤波器不允许系统输出值超过舵面偏转速率极限。

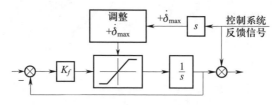

图 2-25   自适应滤波器结构图

　　对人机系统的研究表明,达到前置滤波器的非线性限制后,会引起被控对象特性的变化。如图 2-26 所示,在中高频域内,幅频特性减小,相位滞后增大。

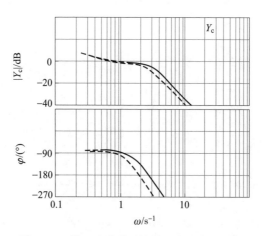

图 2-26   前置滤波器对被控对象动态的影响

　　非线性描述函数的静态线性化结果表明,被控对象的特性变化与前置滤波器的时间常数变化等效。被控对象的幅值减小和相位滞后增大,促使驾驶员加大超前量并诱发信号(进入前置滤波器的非线性限制)增大,从而引起被控对象特性的进一步变化。在这种情况下,可能存在"吸引"驾驶员与非线性抵抗的效应,并产生驾驶员诱发振荡。由于非线性前置滤波器增大了被控对象的等效延迟,因此驾驶员进行了超前补偿。此时,超前量又成为闭环回路振荡加强的原因,从而导致幅值裕度降低,人机系统闭环谐振峰增大。

2）控制系统中附加滤波器的作用

在控制系统中配置滤波器是现代数字化控制系统的一大特征,它的应用使得飞机在高于穿越频率的有效动态时出现幅频特性斜率增大及相位滞后。图 2-27 和图 2-28 分别展现 LAHOS 2-10 和 HP 2-1 构型下的人机系统特性,这些构型中的第一个配置了附加滤波器。

在驾驶员任务的实验中,要求误差信号保持在 $d=1\ \mathrm{cm}$ 的范围内。

人机系统测得的参数如表 2-3 所示。

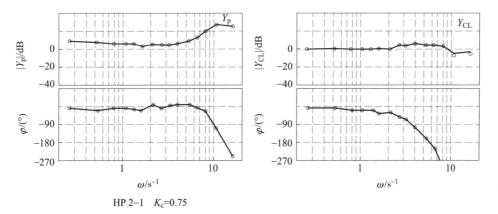

HP 2-1　$K_c=0.75$

图 2-27　驾驶员频率特性 $Y_p(\mathrm{j}\omega)$ 和闭环系统频率特性 $Y_{CL}(\mathrm{j}\omega)$

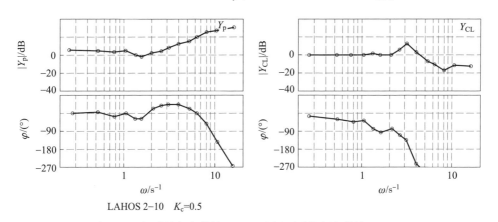

LAHOS 2-10　$K_c=0.5$

图 2-28　驾驶员频率特性 $Y_p(\mathrm{j}\omega)$ 和闭环系统频率特性 $Y_{CL}(\mathrm{j}\omega)$

表 2-3

构型	ω_c/s^{-1}	$\varphi_{\mathrm{pmax}}/(°)$	$\omega_{\mathrm{BW}}/\mathrm{s}^{-1}$	r/dB	$\Delta\varphi/(°)$	$\Delta L/\mathrm{dB}$	σ_e^2/cm^2
HP 2-1	3,2	9	4	6	36	4	0,22
LAHOS 2-10	1,4	50	3	10	73	2	0,98

注:ω_{BW} 为闭环系统带宽;φ_{pmax} 为驾驶员相位频率特性的最大值;$\Delta\varphi$ 为相位裕度。

上述特性表明,在 HP 2-1 构型时,谐振峰小且不明显;在 LAHOS 2-10 构型时,谐振峰位于频率 ω^*,该频率决定了相位为 $-180°$ 时的幅值裕度。此时闭环系统的幅频特性由下式确定:

$$|Y_{\mathrm{CL}}| = \frac{|Y_{\mathrm{OL}}(\omega^*)|}{1-|Y_{\mathrm{OL}}(\omega^*)|} \tag{2-5}$$

图 2-29 展示了谐振峰 $r = 20\lg$ $|Y_{\mathrm{CL}}(\omega^*)| = f(\Delta L)$ 与开环系统幅值裕度 ΔL 的关系。其中,$\Delta L = -20\lg|Y_{\mathrm{OL}}|$。显然,$\Delta L$ 值越小,谐振峰 r 越大。

幅值裕度小对 LAHOS 2-10 构型比较典型,这与较大的超前补偿有关。因此,驾驶员的对数频率特性斜率 $\dfrac{d|Y_{\mathrm{p}}|}{d\lg\omega} = 40\dfrac{\mathrm{dB}}{\mathrm{dec}}$ 出现了较大的谐振峰。这种显著的超前补偿可以用驾驶员在内部信息通道形成附加回路进行说明。

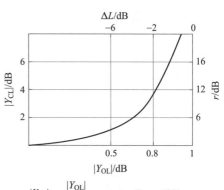

图 2-29　幅值裕度 ΔL 对谐振峰的影响

ΔL 数值小导致人机系统在驾驶员增益系数变化大时不稳定。

通过测量频谱密度 $S_{n_e n_e}$ 和方差 $\sigma_{e_n}^2$ 来确认驾驶员行为变化增大。在 LAHOS 2-10 构型下,频谱密度值大表明驾驶员行为参数(包括增益系数)的变化大。对于 LAHOS 2-10 构型,$\Delta L = 2$ dB,幅值裕度小会导致失稳和 PIO 现象;对于 HP 2-1 构型,幅值裕度更大,$\Delta L = 4$ dB,这导致谐振峰值变小。更小的频谱密度 $S_{n_e n_e}$ 保证了操纵稳定性,未出现任何形式的 PIO 现象。

综上所述,引进附加滤波器加大了飞机振荡的趋势。该结论与飞行实验结果相符,驾驶员对这些模型的评价明显不如 HP 2-1 构型(见表 2-4)。

表 2-4

构型	PR	PIOR
HP 2-1	2	1
LAHOS 2-10	10	4

2.2.5 驾驶精度要求的影响

驾驶员在不同的动机或操作规则下完成驾驶任务。允许的跟踪误差范围是表征这些条件的参数之一。在大多数研究中,驾驶员面临的任务是时刻保持误差为 0[1-2],但在实际操纵时,驾驶员努力保持误差信号并不严格到 0,允许一定的误差范围。当前研究的是允许误差范围对人机系统特性的影响。如果给驾驶员的操作规则是完成操纵任务,努力保持误差信号在允许范围 d_a 内,那么 d 的大小是决定人机系统特性和驾驶员操纵行为特性的重要因素。

图 2-30 所示为不同 d 值下的实验结果。由图可见,d 值减小(精度要求更严格)会引起驾驶员超前量、穿越频率、系统带宽以及人机闭环系统谐振峰增大,谐振峰增大证明了人机系统振荡加强;d 值减小还会导致驾驶员评价降低,因为要保持信号在指定范围内完成任务变得更难,所以精度要求的提高会大大降低操纵评价。反之,正确地选择任务完成精度的 d 值,可以简化驾驶员行为,并改善人机系统特性,也能提高具体操纵任务中的操纵评价。

当被控对象的动态具有舵偏速率非线性限制时,也会得到类似结果。如果提高精度要求引起了部分输出达到非线性限制,那么 d 的减小会导致人机系统特性发生显著变化,精度进一步降低(误差方差 σ_e^2),而且驾驶员对操纵过程的主观评价也会变差。因此,对于非线性被控对象,d 的影响更加明显,要求严苛时驾驶员操纵更积极,导致更频繁地达到限制,从而引起被控对象极大的动态变化。

实验中测量每一个构型的误差信号 $e(t)$ 方差以及一定范围内信号 $e(t)$ 所占的时间比例,可确定全范围 d 和 σ_e 的关系:

$$d = 4\sigma_e \tag{2-6}$$

这种情况下,可保证误差信号 95% 时间在 d 范围以内。

除了减小允许误差值 d 以外,输入信号方差和显示器增益系数增大也会影响操纵的积极性。这就产生了综合 K_D、σ_i 和 d(后文称为"μ-准则")的指数寻优任务,这些值固定时,其他参数的任何变化都不会引起人机系统特性变化。利用韦伯定律得到 μ-准则[1]。感官增量 dE 和刺激强度 dJ 的关系如下:

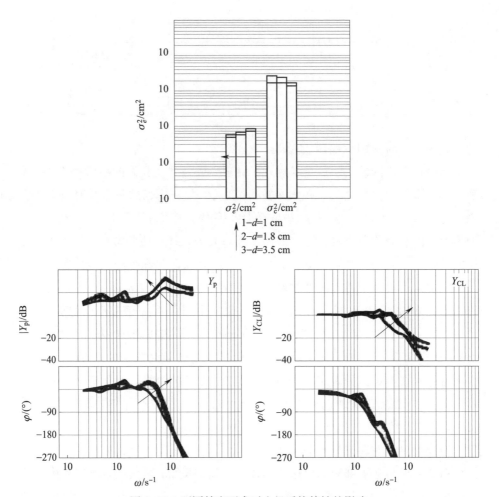

图 2-30　不同精度要求对人机系统特性的影响

$$dE = K \frac{dJ}{J_0} \tag{2-7}$$

式中，J_0 为绝对阈值；K 为感知系数。

假设刺激增量 $dJ = J - J_0$，并将显示屏上感知的误差信号 $\overline{e}(t) = K_D e(t)$ 作为刺激，$J_0 = d$，表达式可写为

$$dE = K\left[\frac{K_D e(t)}{d} - 1\right] \tag{2-8}$$

认为误差 $e(t)$ 是数学期望为 0 的随机信号，其均方根 σ_e 大小与 σ_i 成正比（$\sigma_e \cong K_i \sigma_i$），得到了感官梯度均方根值 σ_{d_e} 的表达式

$$\sigma_{d_e} = K\left(\frac{K_D \sigma_i}{d} K_i - 1\right) \tag{2-9}$$

由此可见,参数 $\mu = \dfrac{\sigma_i K_D}{d}$ 决定了驾驶员的感受。假设在 μ-准则恒定条件下,

不同 K_D、σ_i 和 d 的组合确定驾驶员响应的频率特性大致不变,在这种情况下,μ-准则可认为是不同实验条件下的等效感受标准。

这个假设已经被验证过。图 2-31 展示了 $\mu=1$ 或 $\mu=2$ 的不同组变量的实验结果(见表 2-5)。其分析表明,相同 μ 值下进行的实验会得到大致相同的人机系统频率特性。

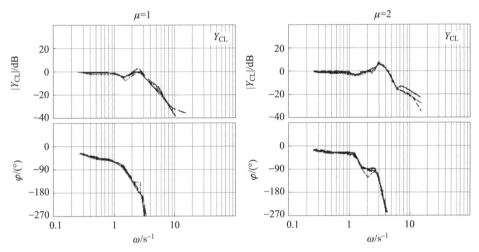

图 2-31　人机闭环系统 Y_{CL} 的频率特性

表 2-5

μ	σ_i/cm	K_D/[cm/(°)]	d/cm
1	2	0.5	1
	2	0.25	0.5
	1	1	1
	1	0.5	0.5
2	2	2	2
	2	1	1
	2	0.5	0.5
	1	2	1
	1	1	0.5

2.2.6　驾驶杆类型和特性的影响

必须研究新型驾驶杆对人机系统特性的影响,以便后续选择这些操纵接口的特性。下面介绍驾驶杆类型(具有不同质量–惯性特性的驾驶盘、中央杆和侧杆)及刚度的影响研究结果,以及从驾驶杆进到控制系统的信号类型(与力或者位移成正比)。

研究表明,在完成跟踪任务时,与其他类型驾驶杆相比,使用驾驶盘会极大降低驾驶员的积极性(超前量的增益系数),精度和带宽也会减小,如图 2–32 所示。

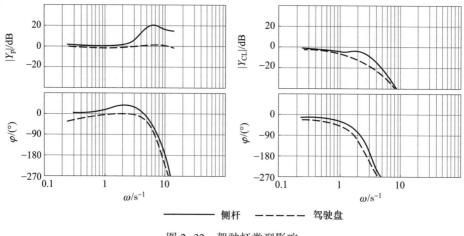

图 2-32　驾驶杆类型影响

当飞机特性非常令人满意时,使用小型侧杆会在截止频域内具有与中央杆大致相同的驾驶员频率特性;当飞机特性不令人满意时,例如出现大的相位滞后,使用侧杆则会增加驾驶员积极性,引入大增益系数和超前行为。此外,飞机未达到期望的动态特性促使闭环系统谐振现象增强。实验研究表明,在规定的频率范围内,增大驾驶杆阻尼特性可以减少这些不利现象。

在纵向和横向通道内,控制侧杆的偏转有所不同:纵向通道通过肘关节移动,而横向通道通过旋转手腕移动。如实验所示,这也导致了中高频域内的相位特性不同。在这些通道中操纵相同的被控对象时,通过手腕偏转侧杆,其动态特性不是最优的,例如 $W=\dfrac{K}{s(T^{*}s+1)}$。因此,驾驶员频率特性相位滞后在横向通道增大到了 $60°\sim80°$(见图 2–33),这可以在后文的数学建模中计算出来。需要指出的是,中央杆在该频域内的实验结果没有观测到这种差值。

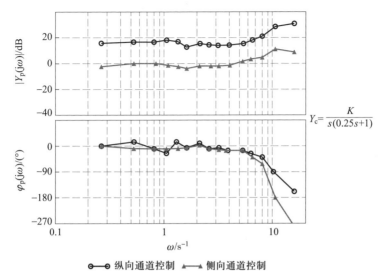

图 2-33　控制通道对驾驶员频率特性的影响

　　刚度是驾驶杆最重要的特性之一。驾驶杆负荷刚度增大使杆位移均方差减小,这在飞机操纵特性不满意时尤为明显。如图 2-34 所示,此时闭环系统的谐振峰和驾驶员的相位超前都有所减小。

　　当操纵性的动态特性令人满意时,刚度增大对测量特性影响变小。P^x 大时,会导致驾驶员主观评价明显变差。

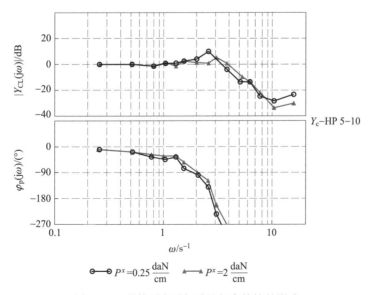

图 2-34　弹簧刚度对驾驶员频率特性的影响

由此可见,刚度大的驾驶杆对驾驶员的行为是种限制,可以先将它作为避免 PIO 现象发生的一种被动保护。

当存在最大舵偏速率 $\dot{\delta}_{max}$ 非线性限制时,刚度增大的驾驶杆限制了驾驶员的行为。与线性情况相比,这会显著降低 PIO 现象发生的概率。

上述研究是基于飞机控制通道的输入信号与驾驶杆位移成正比,即 $c(t) = x_p(t)$,$c(t)$ 为驾驶员偏转驾驶杆施加的力 F。此时,操纵信号不是由驾驶杆动态和滤波器(人感系统)滤波得到的。图 2-35 展示了这两种不同操纵信号下的频率特性在驾驶员跟踪俯仰角时的比较结果。显然,当 $c(t) = F$ 时,驾驶员的频率特性表明了相位滞后 $\Delta\varphi$ 在高频域更小。

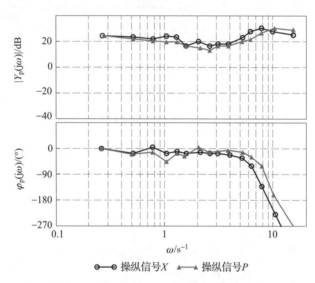

图 2-35　构型 HP 2-1 的驾驶员频率特性

此外,当频率 $\omega = 10$ rad/s 时,$\Delta\varphi$ 值达到了 70°。这使得闭环系统的带宽增大、精度改善以及驾驶员 PR 评价等级提高到 1~1.5。在弹簧刚度小时,$\Delta\varphi$ 值增大。

2.2.7　驾驶员主观评价与飞行品质的关系

根据库珀-哈珀评价准则,PR 由任务特性和驾驶员补偿程度确定。如 1.3.2 节所述,评价准则中建立了两种任务特性(适度和期望),以及某种补偿(从没有任何补偿到显著补偿)。由于上述准则并不是定量的,所以使用时会比较困难。由精确驾驶任务可知,驾驶精度是一种任务特性,而驾驶员的负荷是一种补偿,它与完成目标任务过程中由于飞机存在的不良动态特性进行补偿是相关的。基于 1.3.2 节的库珀-哈珀评价准则内容分析,建立 PR 评价与驾驶精度之间的关系。

假设驾驶员的 PR 评价为他的响应,即由精度和负荷指标确定的某个飞行品质参数 J,并使 PR 和 J 的关系通过韦伯定律确定[1]:

$$PR = A\ln J + B \qquad (2\text{-}10)$$

式中,J 为飞机飞行品质参数,它决定了 PR 的评价值。

显然,为了确定常数 A 和 B,仅需要了解两组驾驶员的评价值和飞行品质参数 $\{PR, J\}_{1,2}$,得到的驾驶员评价与飞行品质参数值之间的解析式如下:

$$PR = PR_1 + \frac{PR_2 - PR_1}{\ln \dfrac{J_2}{J_1}} \ln \frac{J}{J_1} \qquad (2\text{-}11)$$

由此可见,PR = 9 时,对应"最大"(最差)的飞机飞行品质参数值 J_w;PR = 6 时,对应"适度"的飞行品质参数值 J_{ad};PR = 4 时,对应"期望"的飞行品质参数值 J_{des};PR = 1 时,对应"最小"(最优)的飞行品质参数值 J_{opt}。

假设使用的范围值 d 为精准驾驶任务中飞行品质的参数,它不超过在具体动态构型操纵飞机时的当前操纵误差。如果飞机动态特性为最优,则通过驾驶员的正比补偿将达到 $d = d_{opt}$。对于不是最优动态特性的飞机,达到的驾驶误差范围要比 d_{opt} 更大,即 $d = d_j = d_{opt} + \Delta d_j$。此时,驾驶员被迫针对飞机不良动态特性的补偿相较于比例形式的补偿更为严格。由此可见,当飞行品质完全偏离最优值,需要驾驶员行为补偿误差时,驾驶员的最小操纵误差 Δd_j 增大。伴随着复杂度的提高,驾驶员负荷加大。因此,Δd_j 可看作驾驶员补偿的积分指数或是负荷指数。驾驶员的驾驶误差范围值 d_j 总体上表征了完成目标任务的精准度、补偿程度或驾驶员负荷。

为了确定关系式 $PR = F(d)$,使用 Neal-Smith 数据库(见附录表 3)。数据库包括俯仰角跟踪任务下飞机动态构型的描述及其参数值,以及在较宽范围内的 PR 值。在莫斯科航空学院简易的地面固基飞行模拟器上,确定了"最优"和"期望"的飞机飞行品质参数值 d_{opt} 和 d_{des}。为此,对人机系统的输入影响来说,数据库常用的特性为 $S_{ii} = \dfrac{K}{(\omega^2 + 0.5^2)^2}$ 和 $\sigma_i^2 = 4\ \text{cm}^2$,它考虑了驾驶员行为限制的参数值(延迟时间 $\tau = 0.25\ \text{s}$;驾驶员引入跟踪误差的噪声程度 $K_{n_e} = 0.01$),这符合参考文献[1]中采用的方法,得到了确定该任务下飞机最优动态特性的传递函数 $W_{c_{opt}}$。在纵向通道跟踪任务实验中,规定了该构型 $d_{opt} = 1\ \text{cm}$。根据 PR = 4 的指定数据库构型实验结果的平均值来确定 d_{des}。采用总关系式:

$$PR = 1 + \frac{3}{\ln \dfrac{d_{des}}{d_{opt}}} \ln \frac{d}{d_{opt}} \qquad (2-12)$$

它由式(2-11)以及在 $J = d$ 时的两组 $\{PR = 1, d_{opt}\}$，$\{PR = 4, d_{des}\}$ 得到。对于工作站实验中确定的 $d_{opt} = 1$ cm、$d_{des} = 1.75$ cm，可以得到

$$PR = 1 + 5.36 \ln(\bar{d}) \qquad (2-13)$$

式中，$\bar{d} = \dfrac{d}{d_{opt}}$。

此后，在实验中确定了可达到的驾驶误差范围和驾驶员对 Neal-Smith 及 Have PIO 数据库其他构型的评价(见附录)。完成评价程序时，驾驶员按照库珀-哈珀准则，根据式(2-13)计算出驾驶误差范围的期望值 d_{des} 和适度值 d_{ad}。由图2-36可知，得到的结果与式(2-13)匹配良好。

考虑到式(2-2)，式(2-13)可写成：

$$PR = 1 + 5.36 \ln \left(\frac{\sigma_e}{\sigma_{e_{opt}}} \right) \qquad (2-14)$$

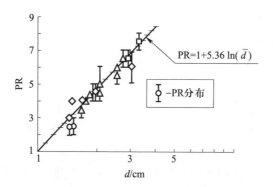

图2-36 式(2-13)的实验验证

3 多回路和多通道控制任务下的驾驶员行为知识库

3.1 多回路人机系统的驾驶员行为规律及特点

实际上,在双回路系统下得到了所有已知的结果。在双回路系统下,驾驶员除了关注指令信号 $i(t)$ 与飞机响应 $X_1(t)$ 之间的误差信号外,还控制一个附加的飞行状态 $X_2(t)$,并通过传递函数 $Y_{c_2}(\mathrm{j}\omega) = X_1(\mathrm{j}\omega)/X_2(\mathrm{j}\omega)$ 与 $X_1(t)$ 相关联。它还包括常规布局飞机在最后着陆阶段的飞行高度控制或垂直起降飞机悬停状态下线性坐标(纵向 X 或横向 Z)的稳定控制,如图 3-1 所示。驾驶员行为可以用两个描述函数 $Y_{p_{11}}(\mathrm{j}\omega)$ 和 $Y_{p_{12}}(\mathrm{j}\omega)$ 表示。$Y_{p_{11}}(\mathrm{j}\omega)$ 确定了驾驶员对主要坐标的跟踪误差响应,$Y_{p_{12}}(\mathrm{j}\omega)$ 则是驾驶员对内回路坐标的响应。根据开环系统等效描述函数 $Y_p \cdot Y_c^e(\mathrm{j}\omega) = c(\mathrm{j}\omega)/e(\mathrm{j}\omega)$[在驾驶员感受附加坐标 $X_2(t)$ 的条件下计算得出]幅值相位频率特性曲线的变化,分析单/双回路跟踪系统特性的差异会更加方便。下面将在两种驾驶员行为特性条件下进行结果分析。

表 3-1 列举了确定双回路系统中被控对象动态特性的传递函数 Y_{c_1} 和 Y_{c_2}。

表中还包括模型方案(序号 1~序号 3),传递函数 Y_{c_1} 和 Y_{c_2} 近似描述了飞机的动力学。双回路人机系统的实验研究可以确定驾驶员附加控制通道形成的可

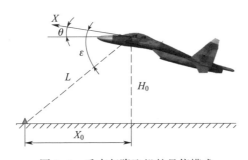

图 3-1 垂直起降飞机的悬停模式

表 3-1

序号	$Y_{c_2}(s) = X_2(s)/X_B(s)$	$Y_{c_1}(s) = X_1(s)/X_2(s)$	备注
1	K_2/s	$K_1/(Ts+1)$	在垂直速度 V_γ 的稳定任务中,对飞机动态的近似描述为 $X_2 = \theta$, $X_1 = V_\gamma$
2	K_2/s	$K_1/s(Ts+1)$	在飞行高度 H 的稳定任务中,对飞机动态的近似描述为 $X_2 = \theta$, $X_1 = H$
3	$K_2/s(Ts+1)$	K_1/s	在飞行高度 H 的稳定任务中,对飞机动态的近似描述为 $X_2 = V_\gamma$, $X_1 = H$
4	$K(s+\overline{Y}^\alpha)/s(s^2 + 2\xi_k\omega_k s+\omega_k^2)$	$\dfrac{gn_y^\alpha}{s(s+\overline{Y}^\alpha)}$	在飞行高度 H 的稳定任务中,飞机动态描述为 $X_2 = \theta$, $X_1 = H$
5	$Kgn_y^\alpha/s(s^2 + 2\xi_k\omega_k s+\omega_k^2)$	$1/s$	在飞行高度稳定的任务中,对飞机动态的描述(内回路为垂直速度 V_γ 闭环)
6	$K(s-\overline{X}^V)/B(s)$ $B(s) = s^3 - (\overline{X}^V + \overline{M}_{ZZ}^\omega)s^2 + (\overline{X}^V \cdot \overline{M}_{ZZ}^\omega - \overline{M}_Z^\theta)s + \overline{M}_Z^\theta \overline{X}^V + \overline{M}_Z^V \overline{X}^\theta$	$-g/s(s-\overline{X}^V)$	悬停状态纵向坐标 X 稳定的任务中,垂直起降的动态描述为 $X_2 = \theta$, $X_1 = X$
7	$K/(s^2-\overline{X}^V s-K_e\overline{X}^\theta)/pB(p)$	$-g/(s^2-\overline{X}^V s-K_e\overline{X}^\theta)$	悬停状态纵向坐标 X 稳定的任务中,垂直起降飞机的动态描述为 $X_2 = \varepsilon = \theta+K_e X$, $X_1 = X$,式中,ε 为地面观测角;$K_e = -H_0/(X_0^2+H_0^2)$;H_0、X_0 为垂直起降飞机悬停的初始条件(见图 3-1)

能和原因,以及影响最优反馈方案的因素[1]。在缺乏关于驾驶员形成控制回路相关可靠信息的条件下,它对得到的结果给出了正确解释,也论证了数学仿真使用的系统结构。对结果的分析总结如下:

(1) 在利于扩展系统稳定性范围和提高任务完成精度时,驾驶员会使用附加飞行状态的相关信息。

例如,在穿越频域$(\mathrm{d}|Y_c|/\mathrm{dlg}\,\omega\gg-20\ \mathrm{dB/dec})$,控制幅频具有显著负斜率特性。驾驶员附加回路的形成极大地改变了开环系统在中低频域的等效描述函数$Y_p \cdot Y_c^e(\mathrm{j}\omega)$的相频特性,引起开环系统的相位裕度增大,跟踪精度也随之提高。图 3-2 中引入了被控对象的实验研究结果作为示例,传递函数Y_{c_1}和Y_{c_2}对应表 3-1 中的序号 1$(T\rightarrow\infty)$。

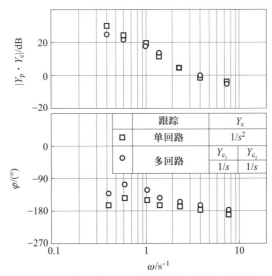

图 3-2　单回路及双回路系统的开环频率特性

附加信息在被控对象上的应用效果非常明显,其传递函数为三阶无静差(表 3-1 中$T\rightarrow\infty$时的序号 3)。这种情况下,如果没有附加信息,则驾驶员不能实现稳定的跟踪过程(见图 3-3)。通过传递函数$Y_{c_1}=1/s^2$,传递与输出信号$X_1(t)$相关的$X_2(t)$坐标信息将使操纵变为可能。

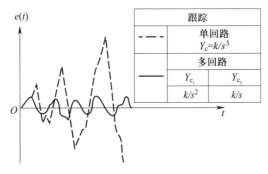

图 3-3　单回路跟踪及双回路跟踪的瞬态$e(t)$

(2) 驾驶员选择各种飞行状态,使得在最小负荷下达到最大精度,形成内回路,并创造系统品质和稳定性无显著改变、允许其行为参数变化范围大等条件。例如,在实验台研究直升机 X 或垂直起降飞机纵向坐标稳定任务时可知,创造条件使驾驶员在内回路感知地面目标瞄准角 ε(表 3-1 中序号 7),相对于俯仰角形成的内回路(表 3-1 中序号 6),可将跟踪误差方差减小 80%。此外,$Y_{p_{11}}$ 和 $Y_{p_{12}}$ 的频率特性测量表明,驾驶员在每个回路超前的时间常数减小了 $\frac{1}{2} \sim \frac{2}{3}$。结果显示,第一个瞄准角的内环方案是最合适的。这个结论与驾驶员在研究任务中所使用的驾驶技术相符。

当驾驶员形成若干控制回路时,他对飞行品质的评价主要来自内回路的动态特性(例如姿态角跟踪回路)。为了验证这个假设,工作站进行了一系列实验研究。实验过程中驾驶员从不同数据库中完成了超过 20 个动态构型的单回路俯仰角跟踪任务。在每个实验中,驾驶员按照库珀-哈珀准则给出评价 $PR_{\text{ground-based simulator}}$。如图 3-4 所示,$PR_{\text{ground-based simulator}}$ 与驾驶员在完成着陆任务时(在动态构型下形成了几个回路)给出的评价 $PR_{\text{in-flight}}$ 相符。

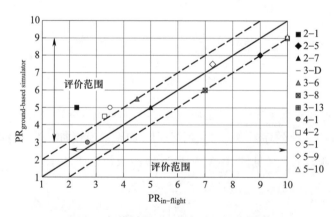

图 3-4   模拟器及飞行实验的评价范围

3.2   多通道跟踪任务下的驾驶员行为

3.2.1   多通道控制任务中驾驶员操纵行为特征

多通道控制时,驾驶员的注意力集中在多个任务上。在完成这些任务时,驾驶员会使用一些不同的驾驶杆,或同一个驾驶杆在不同平面偏转。根据杆在一个平面的位移是否引起一个或者多个飞行状态的变化,可分为解耦系统和耦合系统。除了由被控对象特性确定的动力学相互交联因素之外,在多通道跟踪时,信息的显示方法和驾驶杆的结构是任务额外的变量。它们的影响与每个通道对象动态的影响相同,下面将进行独立通道的控制研究。控制通道之间的耦合控制详见参考文献[1]。由于本节旨在确定多通道跟踪下的驾驶员行为基本规律,因此,为了提高结果的直观性,更加关注被控对象的简化模型和双通道控制。

在飞行状态无耦合时,增加控制通道数量意味着驾驶员同时完成的单通道跟踪任务数量也增多,随之产生如下问题:增加任务数量是否影响每个通道人机系统和驾驶员行为的特性,是否会导致通道间发生耦合?单通道和多通道控制时,驾驶员的行为差异可以根据输入激励感知及修正过程的复杂性确定,也可由操纵优化来确定。如果驾驶员将注意力分散到一些激励中,那么每个感知信息通道的通过能力由分配给该通道的注意力比率 f_i 确定,与单通道跟踪相比会减少[1]。显然,每个通道的动态特性优化使分配给其他通道的注意力比率增加,反之亦然。当信息分散到超出视野中心的不同显示器时,激励可由余光感知,或通过扫视完成任务。因此,由于感知信息的注意力重新分配,在多通道跟踪时,单通道可能影响到其他感知信息,也可改变自身感知过程。

通道数量的增多要求增加感知信号的评估时间,尤其是当要求误差信号保持在一定范围内时。因此,它影响了驾驶员自适应模块参数的变化。使用具有多个自由度的驾驶杆,会产生通道间的耦合。在处理一个通道的感知激励时,驾驶员不精确的行为会导致操纵信号进入另一个通道。

通过对单一自由度(在单回路跟踪任务中)或者双自由度(在双通道跟踪任务中)驾驶杆完成相应跟踪任务的结果进行比较,研究这些驾驶员的行为。为了深入了解感知过程,在不同的坐标和信息显示方式下开展实验,如图 1-4 所示。

在任务等级中,大部分研究驾驶员行为特性的实验采用传递函数为 $Y_c = \lambda/(s-\lambda)$ 的不稳定被控对象的一个通道(附加通道)。在这个回路中形成了补偿但没有输入信号。驾驶员引入的噪声和剩余,不断地使被控对象从不稳定的平衡状态中脱离出来,迫使驾驶员形成闭环。

评估通道数量增长对感知过程的影响。参考文献[1]中指出:当处于临界根值(λ_c)时,被控对象 $Y_c = \lambda/(s-\lambda)$ 变得不稳定,它由与驾驶员等效延迟时间 τ、噪声跟踪误差 $n_e(t)$ 相关的标准谱密度确定。由于每个通道的通过量下降,因此噪声跟踪误差随任务数量增多而增大。上述两个参数表征了感知过程,当它们增大时,λ_c 值减小。对比单/双通道跟踪下得到的驾驶员操纵特性和 λ_c,可以评估得出任务数量增多时感知条件的变化,以及信息显示方式及被控对象动态对它们的影响。

按照两个回路中误差信号 $e_1(t)$ 和 $e_2(t)$ 零位抑制的要求,对所有测得的特性进行分析,得到的一些激励感知特征如下:

(1) 当以向量形式呈现信息时,实际上并不降低感知信息通道的通过量。因此,驾驶员的注意力不会分散到各通道上。

由此可见,每个通道的注意力分散系数 f_i 约等于1。此外,无论是双通道跟踪还是单通道跟踪,当驾驶员操纵不稳定对象时,得到的 λ_c 是相同的。在单通道跟踪、$\lambda < \lambda_c$,但又接近相等时,主要回路的频率特性结果表明了开环系统的幅值相位频率特性曲线不变,穿越频率 ω_c、等效延迟时间 τ 也不变。当 λ 足够接近 λ_c 时,剩余的频谱密度不变,跟踪误差的方差也不变(见图 3-5)。当 λ 进一步增大时,由于驾驶员行为不精确,因此跟踪误差的方差也显著增大。

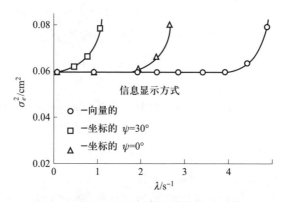

图 3-5　信息显示方式对注意力分布的影响

(2) 当以坐标形式显示信息时,所有激励传递到一个屏幕上并位于视野中心,驾驶员的注意力发生分散,导致每个通道中信息感知的通过能力下降($f_i < 1$)及通道间耦合加强。此时,附加控制通道中 λ_c 也明显降低(见图 3-5)。这不会引起驾驶员行为的延迟增大。λ 的增大不明显,剩余的标准频谱密度和主通道跟踪误差方差显著增大。上述通道耦合加强,显然是由驾驶员注意力分散到各刺激上引起的。

(3) 当刺激分布在视野外的独立显示屏上时,信息的传达可以通过扫视或不扫视感知。当屏幕间距很大时(ψ 大于 15°~20° 中的一个值),在两个感知形式中 λ_c 显著减小。当 $\psi = 30°$ 时,λ_c 减小到 1/s。当没有扫视感知时,余光感知信息通道剩余标准频谱密度显著增大。扫视时,两个通道中剩余增大。除了噪声增大之外,扫视还导致开环系统穿越频率减小20%~50%,等效延迟时间增大了0.05~0.15 s。

对于主通道上不同被控对象的动态特性,所有结果都是正确的。

通过比较信息传输的不同方式,可以表明向量形式是最佳的。使用这种方式保证了 λ 在最大变化范围内的跟踪精度,每个通道的噪声不会增大,保证了人机系统频率特性不变。它的状态与单回路跟踪一样。在不能使用向量方式传递信息的情况下,应将信息集中到视野中心的一个屏幕上。信息移置到不同屏幕造成精确驾驶时人机系统的所有特性显著变差,也加重了驾驶员负担。

评估通道数量增大对驾驶员调整操纵行为的影响。当被控对象动态特性在两个通道都不满意时进行评估。人机系统双通道结构如图3-6所示。

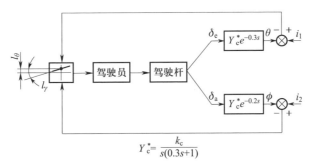

$$Y_c^* = \frac{k_c}{s(0.3s+1)}$$

图3-6　人机系统双通道结构图

对人机闭环系统和驾驶员频率特性全矩阵的测量,显示了闭环系统 $\left|\dfrac{\theta(j\omega)}{i_1(j\omega)}\right|$ 俯仰通道固有的幅频特性谐振峰,它是交叉频率特性 $\dfrac{\phi(j\omega)}{i_1(j\omega)}$ 出现谐振峰的原因。交叉频率特性使滚转角与传输到俯仰角控制回路的输入信号产生关联。因此,它在滚转角的频谱上引起了很大的谐振峰(见图3-7)。由此可见,由于驾驶员不精确的行为,谐振现象在纵向通道的存在引起了控制通道的耦合,尽管在被控对象动态中没有耦合。

3.2.2　通道数量增加对驾驶员飞行品质主观评价的影响

根据上述控制通道数量增大对人机系统特性的影响规律,在参考文献[15]中进行了一些研究工作,旨在确定驾驶员对每个通道的飞行品质评价与同时操纵几个通道的飞行品质总体评价的函数关系。为了在每个通道实现飞行品质评价的卷积,下面研究一些关系式。

首先研究"经典"公式[1-2],即驾驶员在俯仰、滚转和偏航运动中对不同动态特性的飞机完成单通道、双通道、三通道人工控制任务时,得到的三种评价结果之间的关系:

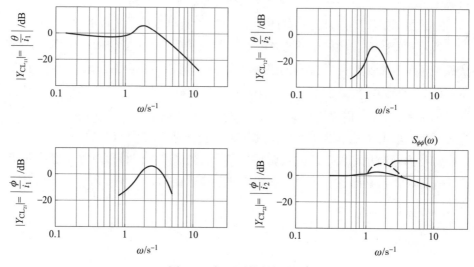

图 3-7   闭环系统幅频特性

$$PR_m = 10 + \frac{1}{(-8.3)^{m-1}} \prod_1^m (PR_i - 10) \qquad (3-1)$$

式中,m 为人工控制独立通道的数量;PR_m 为驾驶员对多通道人工控制的飞行品质主观评价;PR_i 为在单通道仅人工控制飞机第 i 个飞行状态(可以是俯仰角、滚转角、偏航角)得到的飞行品质评估值。

式(3-2)基于一种假设,即驾驶员根据 PR_i^M 评价最差值选择给出的总体评价:

$$PR_m = \max\{PR_i^M\} \qquad (3-2)$$

式中,PR_i^M 为驾驶员在完成多通道驾驶任务过程中给出的单通道人工控制飞机第 i 个飞行状态的品质评价。

这种卷积方式的修正在实验中得到了验证。驾驶员在这些实验中完成着陆任务,分别评价纵向通道(PR_θ)和横向通道(PR_ϕ)的飞行品质,并给出总体评价($PR_{\theta\phi}$)。该研究结果如图 3-8 所示。

一般地,多通道的飞行品质总体评价 PR_m 应满足一些必要条件,即总体评价值应大于(评价更差)驾驶员单通道操纵时驾驶评价值 PR_i 中的最大值(最差):

$$PR_m > \{PR_i\} \qquad (3-3)$$

关于式(3-3),对式(3-2)来说,这个条件在其定义上是满足的,但对式(3-1)来说,每次都需要验证。

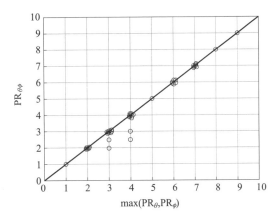

图 3-8   式(3-2)的正确验证结果

式(3-3)是根据两个独立研究结果得到的,其中一个评价了单通道俯仰角跟踪任务的飞行品质,另一个评价了跟踪滚转角飞行品质。$PR_{\theta\phi}^{mod}$ 为驾驶员双通道人工飞行品质的总体评价值,利用式(3-4)计算;PR_θ、PR_ϕ 分别为俯仰角 θ 和滚转角 ϕ 的人工控制飞行品质评价,根据每个通道的飞行品质单独评价得到。上述条件必须满足,其形式为

$$PR_{\theta\phi}^{mod} > \{PR_\theta, PR_\phi\} \tag{3-4}$$

考虑到式(3-4),未知关系式 $PR_{\theta\phi}^{mod} = F\{PR_\theta, PR_\phi\}$ 在品质等级上可以用一组曲线进行描述,如图 3-9 所示。

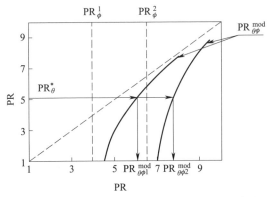

图 3-9 $PR_{\theta\phi}^{mod}$、PR_θ 与 PR_ϕ 三种评价之间的关系

如图 3-9 所示,一组连续的曲线指出了滚转角单通道人工控制飞行品质评价 PR_ϕ^i = 常数时的 $PR_{\theta\phi}^{mod}$。这些符合式(3-4)的曲线具有两条渐近线:垂直的 $PR = PR_\phi^i$ = 常数和从坐标原点出发的直角倾斜-等分线。为了得到俯仰角和滚

转角通道品质评估下的双通道人工控制飞机的$\text{PR}_{\theta\phi}^{\text{mod}}$，必须找到评价$\text{PR}_\phi=$常数的$\text{PR}_{\theta\phi}^{\text{mod}}$与$\text{PR}_\theta=$常数线的交点坐标。

根据上述品质分析，可以提出$\text{PR}_{\theta\phi}^{\text{mod}}$双曲线的解析关系式：

$$\text{PR}_{\theta(\text{或}\phi)}=\text{PR}_{\theta\phi}^{\text{mod}}-\frac{B}{\text{PR}_{\theta\phi}^{\text{mod}}-\text{PR}_{\phi(\text{或}\theta)}} \tag{3-5}$$

由此得到计算双通道飞行品质评估的最终表达式：

$$\text{PR}_{\theta\phi}^{\text{mod}}=\text{PR}_\text{M}+\sqrt{\text{PR}_\text{M}^2-\text{PR}_\theta\text{PR}_\phi+B} \tag{3-6}$$

式中，

$$\text{PR}_\text{M}=\frac{\text{PR}_\theta+\text{PR}_\phi}{2}$$

B是由式(3-5)的曲率决定的参数，它是由比较实验中飞行品质评估数据结果得到的。分析表明B可以等于PR_M。

为了验证不同的卷积评估方式，进行了两组实验研究。在每组实验中，驾驶员完成俯仰角或者滚转角跟踪，并给出相应评价PR_θ和PR_ϕ。在单通道俯仰角跟踪任务中，输入信号是多谐波信号，其幅值形成滤波：

$$W_f=\frac{K}{(T_f s+1)^2} \tag{3-7}$$

式中，$T_f=2$；系数K根据输入信号方差$\sigma_{i\theta}^2=4\text{ cm}^2$选取。

在滚转通道中，幅值分布也通过该滤波器，此时PR的计算公式不一样。方差$\sigma_{i\phi}^2$的选择依据如下：在显示屏上使用旋转的标记感知滚转角操纵误差e_ϕ。如图3-10所示，标记呈扇形，R是限制标记旋转的圆周半径。选取$\sigma_{i\phi}^2$值时，要使旋转扇形末端的线性位移R_θ的垂直分量方差与俯仰标记运动幅值的方差$\sigma_{i\theta}^2$大体一致，即$\sigma_{i\theta}^2=4\text{ cm}^2$（$4°^2$）和$R=5.73\text{ cm}$，$\sigma_{i\phi}^2=452°^2$。

飞机的动力学用以下传递函数描述：

（1）俯仰通道（飞机短周期运动+增稳系统"纯"延迟）。

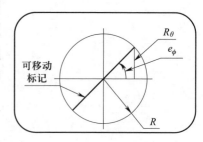

图3-10　表示滚转角误差的显示屏标记

$$Y_\theta=\frac{K_\theta(s+1.25)}{s(s^2+2\xi_k\omega_k s+\omega_k^2)}e^{-\tau_\theta s} \tag{3-8}$$

（2）滚转通道（飞机独立滚转运动+增稳系统"纯"延迟）。

$$Y_\phi = \frac{K_\phi}{s(s+1/T_r)} e^{-\tau_\phi s} \qquad (3-9)$$

在表 3-2 中分别列出了实验飞机在俯仰通道的动态构型参数[式（3-8）中的参数]、被控对象的增益系数 K_c、在每个飞机动态构型下驾驶员可接受的均方值 σ_e 及驾驶误差完全变化的范围 d、利用式（2-13）计算得到的驾驶员评价 PR_θ。

表 3-2

ξ_H	ω_k/s^{-1}	τ/s	构型代号	K_c	σ_e/cm	d/cm	PR_θ
4.526	11.18	0.0	11	1	0.2998	$1.2(4\sigma_e)$	1.6
0.8	5.0	0.033	3	0.75	0.377	$1.6(4.24\sigma_e)$	2.75
0.8	5.0	0.2	8	0.9	0.547	$2.4(4.39\sigma_e)$	4.8
0.18	5.0	0.033	2	0.5	0.5084	$2.6(4.9\sigma_e)$	4.4
0.18	5.0	0.2	5	0.5	0.6989	$3.0(4.28\sigma_e)$	6.1

在一系列对象 $Y_c = Y_{c_{\mathrm{opt}}}$ 的独立实验中，得到 $\sigma_{e_{\theta\mathrm{opt}}} = 0.27$ cm。

在表 3-3 中列出了实验飞机在滚转通道的动态构型特性[式（3-9）中的参数值]，根据实验结果处理得到的参数与俯仰通道相同。

在工作站进行 $Y_c = Y_{c_{\mathrm{opt}}}$ 的实验中，得到 $\sigma_{e_{\phi\mathrm{opt}}} = 3.55°$。

表 3-3

$(1/T_r)/\mathrm{s}^{-1}$	τ/s	构型代号	K_c	$\sigma_e/(°)$	$d/(°)$	PR_ϕ
100	0.0	J	3	3.92	$14(3.6\sigma_e)$	1.5
0.5	0.067	B	5	7.632	$30(3.94\sigma_e)$	5.1
0.5	0.2	G	5.5	7.69	$30(3.92\sigma_e)$	5.1
4.0	0.067	D	3.5	4.79	$20(4.2\sigma_e)$	2.6

如表 3-4 所示，代入 PR_θ 和 PR_ϕ 到式（3-6）后，可以在纵向和横向通道得到对象各构型的组合值 $\mathrm{PR}_{\theta\phi}$。显然，对于所有构型，计算得到的总体评价值 $\mathrm{PR}_{\theta\phi}^{\mathrm{mod}}$ 大于 PR_θ 和 PR_ϕ。由此可见，使用式（3-6）必须满足式（3-3）。使用式（3-1）计算总体评价时，30% 的评价与式（3-3）不符。

表 3-4

构型代号	PR$_\theta$	构型代号			
		J	B	G	D
		PR$_\phi$			
		1.5	5.1	5.1	2.6
11	1.6	2.80	5.88	5.88	3.63
3	2.75	3.71	6.23	6.23	4.31
8	4.8	5.57	7.18	7.18	5.92
2	4.4	5.20	6.96	6.96	5.58
5	6.1	6.82	8.02	8.02	7.07

参考文献[16]对表 3-2 和表 3-3 中的一些构型进行了实验研究,确定了驾驶员进行单通道跟踪的平均评价 PR$_\theta$ 和 PR$_\phi$ 以及双通道跟踪的平均评价PR$_{\theta\phi}$。表 3-5 中的对比表明,双通道跟踪得到的值与表 3-4 中的相同,高于 PR$_\theta$ 和/或 PR$_\phi$。此外,实验中得到的 PR$_{\theta\phi}$ 与式(3-6)计算出的 PR$_{\theta\phi}$ 值非常接近。因此,可以使用式(3-6)分析实验研究结果。

表 3-5

构型代号	PR$_\theta$	构型代号			
		J	B	G	D
		PR$_\phi$			
		1.58	4.0	5.29	2.38
11	2.0	2.1	—	6.5	3.0
3	2.67	3.5	—	—	3.5
8	3.88	—	—	7.0	4.0
2	4.0	—	7.0	—	—
5	5.8	—	—	7.75	7.0

式(3-6)用于确定灵敏度函数$\dfrac{\partial PR_{\theta\phi}}{\partial PR_\theta}$,即

$$\frac{\partial PR_{\theta\phi}}{\partial PR_\theta}=\frac{1}{2}\left[1+\frac{(PR_\theta-PR_\phi+1)}{\sqrt{(PR_\theta-PR_\phi)^2+2(PR_\theta+PR_\phi)}}\right] \tag{3-10}$$

式(3-6)确定了俯仰通道飞行品质改变时总体评价 $PR_{\theta\phi}$ 的变化。

导数值小表明了滚转角操纵对总体评价具有实质性影响,俯仰角操纵通道飞行品质对 $PR_{\theta\phi}$ 没有明显影响。如图 3-11 所示,当 $PR_\theta = 1$ 时, PR_ϕ 从 1 增大到 3,使导数减小 2 倍。

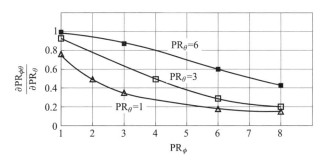

图 3-11　总体评价的灵敏度函数

综上所述,当横向通道飞行品质要求驾驶员进行附加补偿时,评估纵向通道的飞行品质会变得困难。

4 多模态控制任务下的驾驶员行为

在多模态控制任务中,除了目视信息外,驾驶员还通过其他信息通道获得被控对象运动的线性加速度、角速度以及控制机构偏转和驾驶员施加杆力的自身感受和动觉等附加信息。

下文研究了两种多模态系统:一种是驾驶员在模拟器座舱旋转仿真过载作用下的人机系统;另一种是带有操纵负荷杆可变加载附加通道的人机系统。

4.1 控制任务中的运动因素影响

4.1.1 运动对驾驶员操纵行为特性的影响

通过研究运动对人机系统和驾驶员操纵特性的影响可知,在驾驶过程中,驾驶员感知过载可以改善人机系统特性,即增加穿越频率、降低系统相位延迟和增加任务完成精度。在研究稳定性任务时,驾驶员在外部影响条件 $d(t)$ 下稳定被控对象,得到了上述结果。此外,还有另一种控制任务,即驾驶员跟踪指令信号 $i(t)$ 时的跟踪任务。研究结果证明了这两个任务中运动因素的影响是不同的[1,17]。

人机系统特性不仅由驾驶任务和被控对象的动力学确定,还极大地取决于所研究任务的输入信号频谱特性。本节将列举两种输入信号频谱影响的实验研究结果。

(1) 在目视通道感知等效输入信号频谱的作用时,研究稳定和跟踪任务中运动效应的影响。研究是为了排除输入信号特性对人机系统特性的影响,以及在相同条件下确定驾驶员对信息的响应。在稳定和跟踪(在目视通道内驾驶员感知)任务中,通过选择相应的指令信号 $i(t)$ 和扰动信号 $d(t)$ 特性,保证这两个操纵任务在进行固基模拟器实验时人机系统的特性相同,从而实现输入信号频谱等效。按照图4-1,当条件满足时保证传输到系统的信号 $i(t)$ 和 $d(t)$ 是等效的。

$$S_{ii}(\omega) = S_{dd}(\omega) \cdot |Y_c(j\omega)|^2 \tag{4-1}$$

(2) 在真实扰动的输入信号频谱影响下,研究稳定任务时人机系统特性的特点。下面将研究稳定和跟踪任务下的运动效应。在模拟滚转运动时,除了目

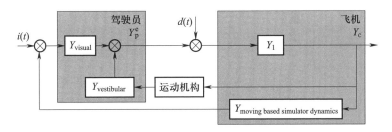

图 4-1 运动条件下的人机系统结构图

注：$Y_{\text{moving baed simulator dynamics}}$ 为运动机构的传递函数；$Y_1 = \dfrac{Y_{\text{c}}}{Y_{\text{moving mechanism}}}$，$Y_{\text{c}}$ 为被控对象的动力学。

视信号外，驾驶员感知座舱的滚转旋转。此外，当驾驶员感知纵向通道座舱旋转时，还分析了模拟俯仰运动的纵向通道实验结果。

图 4-1 反映了驾驶员感知运动的附加信息。

图 4-1 列出了系统的输入信号，外部扰动信号 $d(t)$ 对应于稳定任务，指令信号 $i(t)$ 对应于跟踪任务。驾驶员在这张图上以两个模块的形式出现，这两个模块包含了确定驾驶员对目视信息响应的描述函数 $Y_{\text{visual}}(j\omega)$，以及对过载信息（"前庭的"）响应的描述函数 $Y_{\text{vestibular}}(j\omega)$。

如果驾驶员在目视信号通道内感受到由指令信号 $i(t)$ 和扰动信号 $d(t)$ 确定并符合式（4-1）的特性，那么驾驶员和人机系统在跟踪和稳定任务中的特性差异，应仅是由驾驶员的附加过载感觉产生的。根据图 4-1 并考虑附加回路的形成，忽略了运动机构的动力学特性，确定驾驶员对目视信号响应的等效频率特性 $Y_{\text{p}}^{\text{e}}(j\omega)$ 应具有以下形式：

在跟踪任务中

$$Y_{\text{p}}^{\text{e}}(j\omega) = \frac{Y_{\text{visual}}}{1 + Y_{\text{vestibular}} Y_{\text{c}}} \tag{4-2}$$

在稳定任务中

$$Y_{\text{p}}^{\text{e}}(j\omega) = Y_{\text{visual}} + Y_{\text{vestibular}} \tag{4-3}$$

在进行固基模拟器实验时，$Y_{\text{vestibular}}(j\omega) = 0$，这两个公式相等并由频率特性 $Y_{\text{visual}}(j\omega)$ 确定。当模拟器座舱运动时，$Y_{\text{vestibular}}(j\omega) \neq 0$，由于式（4-2）与式（4-3）右边部分不同，因此过载感知会对驾驶员的等效描述函数以及人机系统特性产生不同的影响。

从定性角度看，假设 $Y_{\text{vestibular}} = K_{\text{p}_1} s e^{-\tau s}$，运算算符 s 是半圆通道的简化模型[1]，输入信号是实验台座舱的偏角。通过模型 $Y_{\text{visual}} = K_{\text{p}_2}(1 + T_L s) e^{-\tau s}$，显示出被控对象 $Y_{\text{c}} = \dfrac{K}{s(Ts+1)}$ 对目视信息的响应。对于所研究的两个任务，可以使用

转角模型。在稳定任务中模型 Y_{visual} 具有最简化的形式 $Y_{\text{visual}} = K_2 e^{-\tau s}$，此时

$$Y_p^e = K_{p_2}(1 + T_L s) e^{-\tau s} \tag{4-4}$$

在跟踪任务中，实现转角模型需要驾驶员在通道中感受目视信息必要的超前输入。

$$Y_{\text{visual}} = K_{p_2}(1 + T_L s) e^{-\tau s} \tag{4-5}$$

在没有旋转的作用时（$Y_{\text{vestibular}} = 0$），驾驶员同样要在目视通道内引入超前：

$$Y_{\text{visual}} = Y_p^e = K_p(1 + T_L s) e^{-\tau s} \tag{4-6}$$

由此可知，在稳定性任务中，驾驶员会积极地利用附加信息；在指令跟踪任务中，处理目视信息时，附加信息不会简化驾驶员的响应，$Y_{\text{vestibular}} = 0$。

在动基模拟器实验研究中，仅模拟飞机相对于 X 轴旋转，实验结果表明过载信息的影响对两个任务是不同的。

在完成稳定性任务时，驾驶员增益系数增大（见图 4-2），相位延迟减小。相应地，开环系统增大，闭环系统带宽也增大。

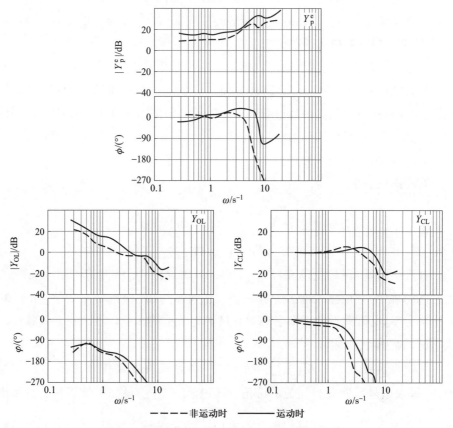

图 4-2　运动条件下的人机系统特性（横向通道）

上述结果与参考文献[16]中给出的飞行实验数据一致。由于驾驶员积极利用了过载信息并形成附加回路,所以得到了正向效果。在驾驶员等效频率特性中,较大的提前量由座舱角运动对其影响确定。此时,驾驶员感受到了座舱旋转角速度,该速度来自目视感知信号,即提前量信息。积极利用附加信息并接通角速度的内部回路,使驾驶员在等效频率特性中实现极大的提前量。

从定性方面来说,纵向通道实验结果(见图 4-3)与滚转方向得到的结果相似。与在非运动条件下相比,在运动条件下完成稳定性任务,驾驶员将输入较大的相位提前量。这些实验不仅模拟了角度运动,还模拟了高度运动,在运动情况下驾驶员感受到了线性过载。显然,得到的结果不如滚转通道的清晰。

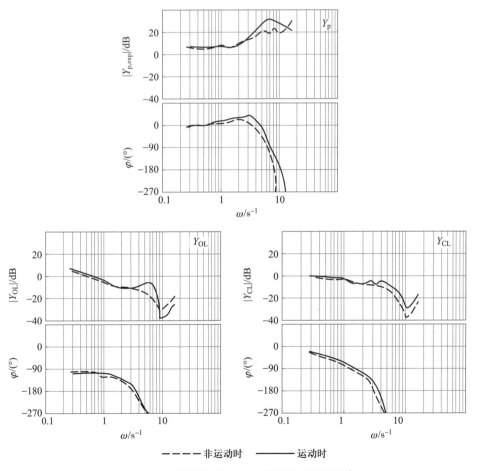

图 4-3　运动条件下的人机系统特性(纵向通道)

　　图4-4展示了完成跟踪任务的过程中运动对人机系统特性的另一影响。在这种情况下,驾驶员感受旋转导致低频区域的等效幅频特性降低,开环系统的相位延迟略有增加,截止频率稍有减小。在模拟器上对该任务特性进行研究,只模拟飞机转动,未使用复位滤波器,在低频域内驾驶员的行为描述函数相位有很大的提前(见图4-5),这是通过驾驶员对驾驶舱倾斜的感应来实现的。

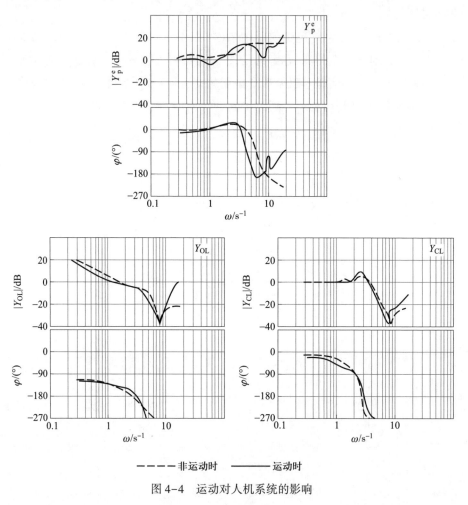

- - - - 非运动时　　——— 运动时

图 4-4　运动对人机系统的影响

　　在驾驶中或者模拟飞机滚转的驾驶舱横向移动时,不存在驾驶舱倾斜影响效应,可以通过使用复位滤波器显著降低该影响[1]。

　　为验证双通道控制任务下的人机系统特性[9],使用算法软件来确定描述函数矩阵的元素特性。这不仅可以确定驾驶员等效描述函数,还可以分别按照目视和过载感觉区分驾驶员的响应特性。

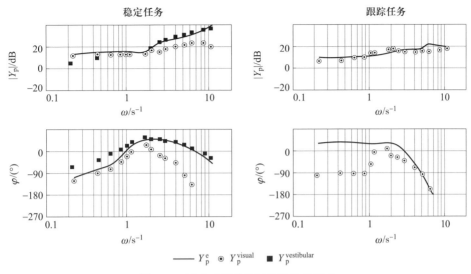

图 4-5 运动对驾驶员行为特性的影响

图 4-5 给出了解决稳定任务时的实验数据。从式(4-2)和式(4-3)确定的驾驶员响应特性及其操作的结果特性 $Y_p^e(j\omega)$ 可以看出：驾驶员在中高频域根据对过载信息 $Y_{vestibular}(j\omega)$ 的响应进行操作，在低频域则是根据对视觉信息 $Y_{visual}(j\omega)$ 的响应。因此，通过驾驶员对驾驶舱姿态变化响应确定的 $Y_{vestibular}(j\omega)$ 特性具有明显的微分特征。这也证明了一个已知事实：驾驶员能够感受到实验台驾驶舱转动的角速度。

在真实的驾驶条件下，稳定任务与程序信号跟踪任务的信号谱是有很大差异的，这也属于人机系统的特性。

稳定任务下驾驶员感受到的信号谱 θ_T 和 ϕ_T 通过扰动(湍流) S_{α_w}、S_{β_T} 以及飞机扰动对飞行状态的传递函数谱确定，以此实现通道内的控制。

（1）纵向通道(俯仰)：

$$S_{\theta_T}(\omega) = S_{\alpha_w}(\omega) \left| W_{\frac{\theta}{a_w}}(j\omega) \right|^2 \tag{4-7}$$

（2）横向通道(滚转)：

$$S_{\phi_T}(\omega) = S_{\beta_T}(\omega) \left| W_{\frac{\phi}{\beta_T}}(j\omega) \right|^2 \tag{4-8}$$

频谱的密度和形式由飞机及其控制系统的动态特性和 $W_{\theta/\alpha_w}(j\omega)$ 或 $W_{\phi/\beta_T}(j\omega)$ 确定。在该任务下，驾驶员感受到的信号在中频域内表现出最大值，一般与飞机固有频率相符，并近似闭环人机系统的固有频率。对于自动化程度不同或者反馈系数不同的飞机，驾驶员的信号感应谱可能出现较大差异。图 4-6 给出了针对两种控制系统方案的横向通道(滚转)扰动谱。第一种(图4-6中曲线2)的滚转角速率反馈系数更大,滚转扰动强度更低;第二种(图4-6中曲线1)的偏航角速率和侧滑角反馈系数更大,导致滚转扰动增大。

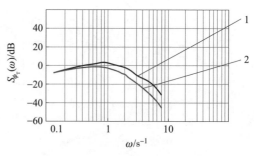

图4-6　横向通道(φ)的扰动谱

研究特定输入信号谱的人机系统发现,在驾驶员试图解决问题时常会发生误差信号散布高于输入扰动散布的情况(见图4-7)。在这种情况下,将驾驶员与控制通道断开可以降低误差。对运动条件下该问题的研究表明,其精度要高于无运动情况下的精度(见图4-7),但误差散布明显高于输入信号散布,在驾驶员与通道断开后此情况有所改善。

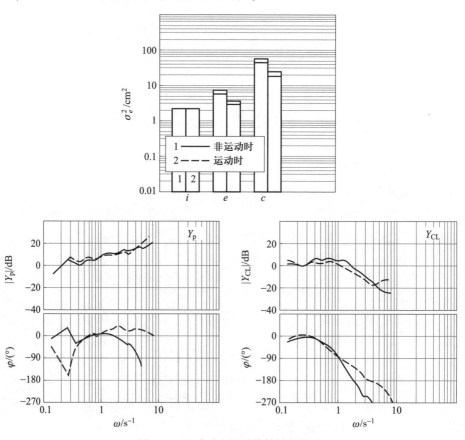

图4-7　运动对人机系统特性的影响

研究结果表明,遇到颠簸时驾驶员不要准确地修正扰动,否则会导致更严重的振荡及更强的扰动运动。

4.1.2 运动性对驾驶员主观评价 PR 的影响

在指令信号跟踪任务中,过载信息对操纵特性影响较小,但对驾驶员主观评价的影响很大。因为对跟踪误差进行补偿时会产生过载,驾驶员的耳石可以感知到过载。在横向通道中产生的侧向过载 $n_z = \dfrac{L}{g}\dot{p}$,式中 L 为驾驶舱伸出长度,$\dot{p}$ 为驾驶舱角加速度。人机系统的框图中,除了可视之外,还形成了前庭通道,可以作为对人机系统中过载 n_z 的反馈(见图 4-8)。

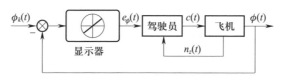

图 4-8　驾驶员过载感知路线图

驾驶员的横向过载谱结构由输入操作特性 $\phi_k(t)$ 以及闭环人机系统的动态特性确定,但它们首先要通过飞机以及驾驶员操作的动态和静态特性确定。

在滚转角控制任务中,被控对象的动态通过传递函数 $Y_c = K_c \dfrac{K_c}{s(T_r s + 1)}$ 进行描述。增益系数 K_c 能够确定飞机相对于 X 轴的稳态旋转角速率 $X(p^{\text{steady}}/\delta_a = K_c)$,$\dfrac{K_c}{T_r}$ 是初始施加给驾驶员的横向过载 $\left[\dfrac{\dot{p}(t \to 0)}{\delta_a} = \dfrac{K_c}{T_r}\right]$。因此,当时间常数 T_r 减小时,飞机的动态类似于积分环节 $\left(Y_c \to \dfrac{K}{s}\right)$,应当在无运动条件下引入以降低误差,从而提升驾驶员评价。时间常数 T 的减小也导致 $\omega_x(t \to 0)$ 以及横向过载增大。如果该值超出了相应的舒适驾驶条件,则驾驶员的主观评价变差。如图 4-9 所示,被控对象参数的非单一影响会体现在驾驶员从固基模拟器和飞行实验操作的评价结果上[18]。

为了更好理解运动影响的验证分析,莫斯科航空学院建造了专用实验装置(见图 4-10)。由于驾驶员头部与固基模拟器活动部分转轴之间的距离不同,产生的力臂也不同,因此将驾驶舱定在不同的位置。

在该装置上进行了 20 种动态构型的实验,具有不同的时间常数 T_r、K_c 以及侧向过载,如表 4-1 所示。

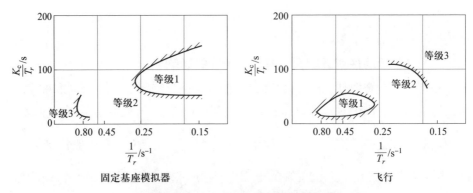

固定基座模拟器   飞行

图 4-9 模拟器与真实飞行的操纵特性评价结果差异

图 4-10 专用实验装置

表 4-1

构型	参数		
	增益系数 K_c/s^{-1}	时间常数 T_r/s	$n_z^{(0)}/\delta_a = \dfrac{L}{g}\dfrac{K_c}{T_r}$
1-A	0.35	0.18	0.535
2-A	0.5	0.18	0.765
3-A	0.7	0.18	1.07

（续表）

构型	参数		
	增益系数 K_c/s^{-1}	时间常数 T_r/s	$n_z^{(0)}/\delta_a = \dfrac{L}{g}\dfrac{K_c}{T_r}$
4−A	1.0	0.18	1.53
5−A	1.4	0.18	2.14
1−B	0.35	0.3	0.32
2−B	0.5	0.3	0.46
3−B	0.7	0.3	0.64
4−B	1.0	0.3	0.92
5−B	1.4	0.3	1.28
1−C	0.35	0.6	0.16
2−C	0.5	0.6	0.23
3−C	0.7	0.6	0.32
4−C	1.0	0.6	0.46
5−C	1.4	0.6	0.64
1−D	0.35	1.0	0.096
2−D	0.5	1.0	0.14
3−D	0.7	1.0	0.193
4−D	1.0	1.0	0.28
5−D	1.4	1.0	0.39

基于给定尺度 d_{des}、d_{ad}、d^*（d^* 对应 PR=9.5），驾驶员对飞行品质评价分为一级、二级和三级。实验研究结果如下：一级期望值 $d_{des}=\pm 8°$、二级可接受值 $d_{ad}=\pm 10°$、三级临界值 $d^*=\pm 15°$。上述值将在专用装置显示屏上显示。

在对过载时的频率构成和强度进行评价时，驾驶员根据自己的经验、飞行中的感受以及驾驶舱运动的协调性进行评价。

驾驶员分别从视觉感受和主观信息通道两方面评价飞行品质。随着飞机惯性（T_r）增大，驾驶员的评价 PR_{visual} 变差，该规律与研究工作的结果相符[18]，而且 PR_{visual} 的变化范围实际上与工作数据相差不到 1 级。

当飞机惯性（T_r）降低时，驾驶员在过载下的评价 $PR_{vestibular}$ 会提高。通过对 $PR_{visual}(T_r)$ 的比较，在 T_r 和 $PR_{vestibular}$ 之间存在反向关系。驾驶员根据对 PR_{visual} 和 $PR_{vestibular}$ 的评价结果选择一个总评价作为最大值，即 $PR = \max(PR_{visual},\ PR_{vestibular})$。通过这种方式驾驶员确定了相同评价范围 $\triangle PR = PR_{worst} - PR_{best}$，

PR_{worst}是在飞行以及动基座模拟器的所有实验中得到的最差结果,PR_{best}是最好的结果。然而模拟器上的结果偏向于差评区域。为达到符合性,提供了下述修正方法用于确定动基座模拟器的实验的飞行品质评价:

$$PR_{\Sigma} = \max(PR_{vestibular}, PR_{visual}) - 3 \tag{4-9}$$

利用式(4-9)可以得到一级飞行品质的坐标$\dfrac{K_c}{T_r}$和T_r。

为了获得前庭($PR_{vestibular}$)和视觉(PR_{visual})信息的评价表达式,选择两个构型作为侧向过载和滚转角跟踪误差均方根值的函数,其中一种表征了较高的惯性($T_r = 0.3$ s)。当惯性被控制时,会发生较小的侧向过载,其均方根 $\sigma_{n_z} < 0.05$。第二种构型表征了较小的惯性($T_r = 0.1$ s)、较大的过载($\sigma_{n_z} > 0.1$)和更精确的控制。假设控制第一种构型时,总体评价由视觉信息的感知决定;而控制第二种构型时,由前庭信息的感知决定。了解飞行实验中驾驶员给出的每一个评价后,取得以下关系式:

$$\begin{aligned} PR_{visual} &= -5.906 + 5.67\ln\sigma_e \\ PR_{vestibular} &= 34.43 + 11.66\ln\sigma_{n_z} \end{aligned} \tag{4-10}$$

式中,σ_e 和 σ_{n_z} 分别为滚转角和横向过载的均方根误差。将 σ_e 和 σ_{n_z} 的测量值代入式(4-10),最终获得驾驶员总体评价以及如图4-11所示的飞行品质等级。在式(4-10)中考虑了修正系数3[见式(4-9)]。该图显示了在0.26~0.95 s范围内的时间常数所示达到了第一级,这与飞行仿真结果相似。

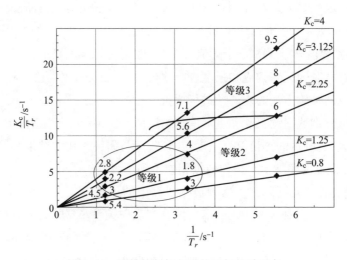

图4-11　滚转控制任务时的飞行品质要求

将所研究的任务作为单回路跟踪任务时,驾驶员的行为使用结构模型来表示,得到以下表达式:

$$PR_{visual^*} = -1.75 + 5.25\ln(-4 + 2.5\sigma_e)$$
$$PR_{vestibular^*} = 2.34 - 14\ln(-4 + 2.5\sigma_e)$$

$$(4-11)$$

与模拟器的实验结果比较后可知,驾驶员的总体评价应根据式(4-9)进行计算。

如图4-12所示,式(4-9)可以获得与实验期间驾驶员评价近似的结果。

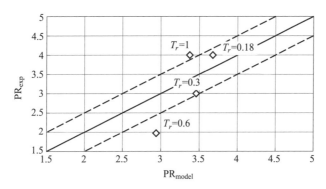

图4-12 数学建模与实验的驾驶员评价比较

4.2 控制任务中的驾驶杆载荷感知影响

前文在分析被控对象动态下附加回路影响的研究结果时,曾假设附加的信息通道会导致驾驶员一些较大的超前行为。为了检验驾驶员形成附加通道的可能性,参考文献[19]对人机双模式系统进行了专门研究。其中,第二种模式研究了驾驶员感知杆力信息的通道。

为进行实验制造了专用的驾驶杆,可以实现驾驶员在杆移动时动态控制感知力变化。通过在载荷机构中接入作动装置来模拟耦合,活塞杆长度变化可以改变感知的杆力。

图4-13中假定驾驶员的操作是基于感知到的视觉误差信号以及杆移动和动态耦合 Y_1 下的力变化信号,并用 Y_p^{visual} 和 Y_p^{add} 表示驾驶员操作。驾驶杆移动时,驾驶员感知力的动态耦合形成附加模式信号。按照 Y_1 规律得到载荷机构弹簧紧固位置的位移:

$$Y_1 = \frac{a}{Ts+1}$$

$$(4-12)$$

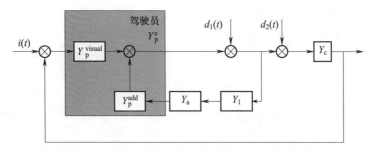

图 4-13　驾驶员感知力变化信号时的人机系统结构

此时驾驶杆上的力 F_Σ 通过两个分量确定：$F = F^X X$（主要）和 $\Delta F = Y_a \cdot Y_1 \cdot a \cdot F^X \cdot X$（附加）。式中，$Y_a$ 是作动装置的传递函数：

$$F_\Sigma = F^X X - \Delta F \qquad (4\text{-}13)$$

根据图 4-14 假设 $Y_a = 1$，可以得到与力和位移相关的传递函数 $\dfrac{F_\Sigma(p)}{X(p)} = F^X$

$\dfrac{s+(1-a)/T}{s+1/T}$，其频率特性如图 4-15 所示。

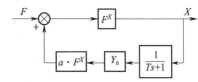

图 4-14　刚度变化结构图

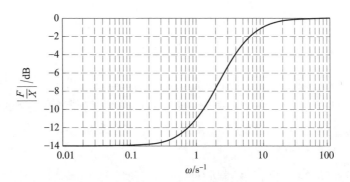

图 4-15　弹簧刚性变化规律的频率特性

在研究中假设这种驾驶杆加载方法能够让驾驶员接收到动态信息 Y_1 并接通附加通道，如图 4-13 所示。根据这种附加通道，确定驾驶员对目视信号响应的等效频率特性如下：

$$Y_p^e = Y_p^{visual} \frac{1}{1 + Y_1 Y_a Y_p^{add}} \qquad (4\text{-}14)$$

式中，Y_a 为引导弹簧移动的作动器动态模型。

由上述分析可知，如果驾驶员通过增益系数接通附加通道（$Y_p^{add} \neq 0$）或者引入平滑修正,则会导致驾驶员等效频率特性超前。因此,要降低对引入频率特性 Y_p^{visual} 的超前要求,简化驾驶员操作。

为进行实验研究和验证 Y_p^{visual} 和 Y_p^{add},系统引入了两个不相关的输入信号 i 和 d_1(或者 d_2),这两种信号由带有不同正交频率的谐波组成。利用式(4-14) 得到的结果来计算 Y_p^e。

在 $Y_c = K_c \dfrac{e^{-\tau s}}{s} \dfrac{1}{T_c s + 1}$、$Y_1 = \dfrac{1}{T_s + 1}$ 和 $T_c = 0.5\ \text{s}$ 情况下的实验研究表明,当 T 从 0 变化到 $1\ \text{s}$ 时,显示驾驶员正在积极地对附加信息做出回应。

在 $T = 0.5\ \text{s}$ 时,可以观察到驾驶员使用附加通道最为积极。此时,附加通道 动态成为被控对象动态的组成部分,驾驶员的等效频率特性超前减小,他在接受 视觉信息时的行为可以简化并接近为比例模型,而在处理附加信息时显然进行 了中频域内的相应修正,如图 4-16 所示。

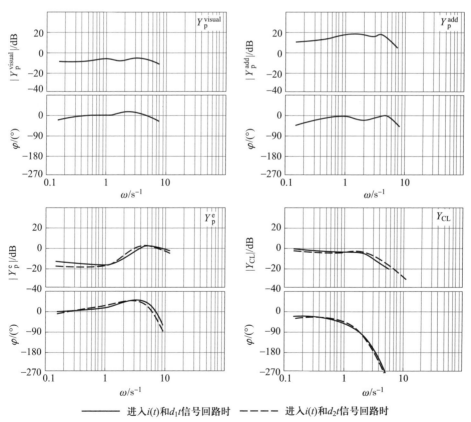

图 4-16 附加信息感知条件下的人机系统特性

综上所述,当 $T=T_c$ 时,接通附加感知通道内的回路并在等效特性 Y_p^e 引入超前,驾驶员可以准确补偿 T_c 的惯性延迟。他在目视通道的超前行为明显减少或者简化,对操纵过程的主观评价也有所提升。这种具有加载机构的驾驶杆可以简化驾驶员行为并改进人机系统特性。

5 驾驶员控制行为数学模型

本节讨论了关于驾驶员控制行为的三种模型：

（1）基于经典控制理论的驾驶员模型。

（2）基于现代控制理论的驾驶员模型。

（3）基于神经网络的驾驶员模型。

5.1 基于经典控制理论的驾驶员模型

5.1.1 单回路跟踪情况下的驾驶员行为结构模型

McRuer 提出了驾驶员行为的第一个结构模型[2]，称为"转角模型"。该模型具有几种不同形式，它们在不同频率范围内近似实验频率特性的精度有所不同。这些模型的共同点是存在描述驾驶员对任务变量适应性的部分。此外，还有所谓的"调节规则"，通过它可以根据已知的频率合成法选择模型参数。在参考文献[1]中，对该模型进行了非常详细的研究，而 Hess 提出的模型是对它的发展[20]。对于单回路飞机驾驶员系统，它其中的一种形式如图 5-1 所示。此处，除了驾驶员的行为对视觉信息 Y_p^{visual} 的适应模块之外，还假设存在对运动信息 $Y_p^{kinesthetic}$（有关驾驶杆的位移信息）适应的感知模块。假设开环系统的穿越频率对被控对象的不同动力学控制目标是恒定的，Hess 引入了驾驶员对视觉信息 Y_{visual} $(j\omega)$ 的适应通道的简化数学模型。此时，$Y_p^{kinesthetic}$ 模块参数的选择必须符合转角模型与开环人机系统的频率特性一致条件。在该模型的许多表达中，全部假定没有电机噪声和观测噪声。参考文献[21-22]提出了对该模型的修正，其总体结构如图 5-2 所示。

如图 5-2 所示，该模型考虑了观测噪声和电机噪声（在该模型的初始版本中，假定 $n_u = 0$）。该模型由两个自适应模块组成：第一个描述了对视觉信息的适应环节 $Y_{visual} = K_p \dfrac{T_L j\omega + 1}{T_I j\omega + 1} e^{-\tau s}$ 和 $K_p = \alpha$，$T_L = \dfrac{\beta}{\alpha}$。实际上，该模块是 McRuer 提出的

功能驾驶员模型[1]。第二个模块则描述了由动觉神经回路实现的附加适应性,此时由内回路描述神经肌肉系统和驾驶杆的动力学模块。通过跟踪误差方差的最小化,来选择视觉和动觉信息的适配模块参数。

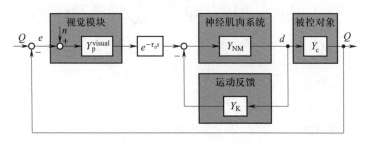

图 5-1　Hess 结构模型

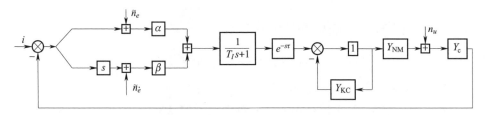

图 5-2　修正后的 Hess 结构模型

考虑到死区的影响,噪声频谱密度 $\tilde{n}_e$ 和 $\tilde{n}_{\dot{e}}$ 模型具有以下形式[1]:

$$S_{\tilde{n}_e \tilde{n}_e} = \pi K_{n_e} \sigma_e^2, \quad S_{\tilde{n}_{\dot{e}} \tilde{n}_{\dot{e}}} = \pi K_{n_{\dot{e}}} \sigma_{\dot{e}}^2 \tag{5-1}$$

式中,$K_{n_e} = \dfrac{0.01}{K_e^2}$ 和 $K_{n_{\dot{e}}} = \dfrac{0.01}{K_{\dot{e}}^2}$、$K_e = \mathrm{erf}\left(\dfrac{\Delta_e}{\sigma_e}\right)$ 和 $K_{\dot{e}} = \mathrm{erf}\left(\dfrac{\Delta_{\dot{e}}}{\sigma_{\dot{e}}}\right)$ 为统计线性化系数,考虑了信号 $e, \dot{e}$ 的死区(不灵敏区)$\Delta_e, \Delta_{\dot{e}}$。

将噪声 $\tilde{n}_e$ 和 $\tilde{n}_{\dot{e}}$ 分配给信号 e,可以获得剩余频谱密度模型[1]:

$$S_{n_e n_r} = 0.01\pi \, \frac{\dfrac{\sigma_e^2}{K_e^2} + \dfrac{\sigma_{\dot{e}}^2 T_L^2}{K_{\dot{e}}^2}}{1 + T_L^2 \omega^2} \tag{5-2}$$

为了确定信号感应的死区(不灵敏区)Δ_e 进行了两组实验。在每个传感器中,感知信号根据谐波定律 $y = A\sin(\omega_k t)$ 上下移动。在第 1 组实验中,标记的零位显示为水平线;在第 2 组实验中,零位未显示在屏幕上。对于这两组的每个固定频率 ω_k,输入信号的幅值都会逐渐减小,直到驾驶员无法感知信号。该幅值

A'被视为视觉分析的不敏感生理区值。图 5-3 表明了 $A'=f(\omega)$ 和这 2 组试验的关系[21]。

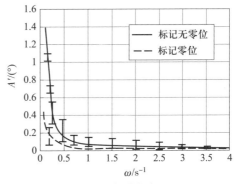

图 5-3　可视分析仪死区

可以看出,在没有信号零位标记的情况下,$\Delta_y = A'$ 的死区超过了在有零位标记试验中显示屏上获得的死区。这些差异在低频时尤为明显。值得注意的是,在频率范围 $\omega \geqslant 2/\mathrm{s}$,$\Delta_y(\omega)$ 关系式实际上与输入信号的频率无关,该特点可用线性失调感知的不灵敏区域来解释。该区域非常小,约为 0.02°。

在低频下,死区值取决于输入信号的频率。可以通过速度感知通道中存在死区来解释这种关联性。事实上,如果驾驶员认为标记按照 $y = A\sin(\omega t)$ 移动,则其导数的幅值 $\dot{y} = A\omega\cos(\omega t)$。假设死区 $\Delta_{\dot{y}}$ 是一个常数,则很容易获得 $A'=\Delta_{\dot{y}}/\omega$,即随着频率增加,驾驶员无法感知的输入信号 A 的幅值将与频率成比例地减小。

在具有零位标记的实验中,$\Delta_{\dot{y}} = 0.03 \sim 0.05\,(°)/\mathrm{s}$。在无零位的情况下,死区 $\Delta_{\dot{y}}$ 会增加到 2~3 倍,$\Delta_{\dot{y}} = 0.06 \sim 0.15\,(°)/\mathrm{s}$。无零位标记时,产生的死区与参考文献[1]中给出的死区一致。

在人机系统的数学模型中,考虑到视觉感知通道的死区,需要通过线性化统计法描述此类非线性环节的死区使其线性化,并用等效增益系数 $K_e(K_e<1)$ 替代该非线性。

图 5-4 显示了静态线性化系数与眼睛死区 a 以及跟踪输入信号 σ 均方差的关系曲线。

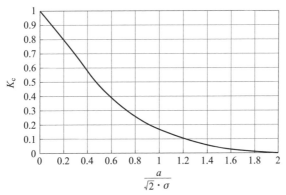

图 5-4　等效增益系数 K_e

在数学模型中,选择迭代系数来设置视觉信息自适应通道模型中的噪声水平。

在该迭代过程中,首先假设不存在非线性且 $K_e = K_{e'} = 1$。在这些值的基础上进行数学建模并计算误差及其导数的方差,计算统计线性化系数 $K_e = \mathrm{erf}\left(\dfrac{\Delta}{\sigma_e}\right)$ 和 $K_{\dot{e}} = \mathrm{erf}\left(\dfrac{\Delta}{\sigma_{\dot{e}}}\right)$。然后,使用获得的 K_e 和 $K_{\dot{e}}$ 再次对人机系统进行数学建模,计算误差的方差。重复上述过程,直到在当前迭代和先前迭代中获得的误差变化量 ε_Δ 之间的差小于预设值为止。因此,将最后一次迭代计算的系数 K_e 和 $K_{\dot{e}}$ 作为描述等效死区的系数。迭代过程算法如图 5-5 所示,其中 k 是迭代次数。

流程中其余元素如下:

(1)环节 $e^{-\tau s}$,考虑到信息感知的延迟($\tau = 0.2\ \mathrm{s}$)。

(2)$Y_{\mathrm{KC}} = \dfrac{K_n s^2}{T_N^2 s^2 + 2T_N s + 1}$,表征驾驶员对运动感觉信息的适应性。

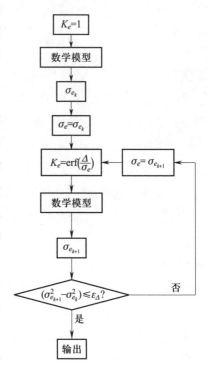

图 5-5　人机系统模型迭代过程算法

(3)$Y_{\mathrm{NM}} = \dfrac{\omega_{\mathrm{NM}}^2}{s^2 + 2\xi_{\mathrm{NM}}\omega_{\mathrm{NM}}s + \omega_{\mathrm{NM}}^2} \cdot \dfrac{1}{T_N s + 1}$ 为神经肌肉系统动力学($\omega_{\mathrm{NM}} = 12/\mathrm{s}$,$\xi_{\mathrm{NM}} = 0.1, T_N = 0.1$)。

电机噪声的频谱密度由以下模型确定:

$$S_{n_u n_u} = K_{n_u} \sigma_u^2 + \sigma_{u_0}^2 \tag{5-3}$$

式中,$K_{n_u} = 0.003\pi$；$\sigma_{u_0}^2 = 0.000\,2\pi$。

在研究的结构模型中,驾驶员控制行为的模型参数($K_L = \alpha$, $T_L = \dfrac{\alpha}{\beta}$, K_n, T_N)选取通过误差方差的最小化来实现:

$$\sigma_e^2 = \sigma_{e_n}^2 + \sigma_{e_i}^2 \tag{5-4}$$

忽略电机噪声时,可以通过求解式(5-5)获得误差信号方差的表达式:

$$\sigma_{e_i}^2 = \sigma_e^2(1 - K_{n_e}A) - \sigma_{\dot{e}}^2 K_{n_{\dot{e}}} T_L^2 A$$

$$\sigma_{\dot{e}_i}^2 = -\sigma_e^2 K_{n_e} B + \sigma_{\dot{e}}^2 (1 - K_{n_{\dot{e}}} T_L^2 B) \tag{5-5}$$

式中，$A = \int_{-\infty}^{\infty} \dfrac{|Y_{\mathrm{CL}}|^2}{1 + T_L^2 \omega^2}\,\mathrm{d}\omega$ ；$B = \int_{-\infty}^{\infty} \dfrac{|Y_{\mathrm{CL}}|^2 \omega^2}{1 + T_L^2 \omega^2}\,\mathrm{d}\omega$ 。

方差与输入信号相关的误差的分量由以下表达式确定：

$$\sigma_{e_i}^2 = \int_0^{\infty} S_{e_i e_i}(\omega)\,\mathrm{d}\omega$$

$$\sigma_{\dot{e}_i}^2 = \int_0^{\infty} \omega^2\, S_{e_i e_i}(\omega)\,\mathrm{d}\omega \tag{5-6}$$

式中，$S_{e_i e_i}(\omega) = |Y_{\mathrm{CL}e}(\mathrm{j}\omega)|^2 S_{ii}(\omega)$ ；$Y_{\mathrm{CL}e}(\mathrm{j}\omega)$ 为跟踪误差闭环人机系统的描述函数；$S_{ii}(\omega)$ 为输入信号的自谱密度对人机系统的影响；$Y_{\mathrm{CL}}(\mathrm{j}\omega)$ 为闭环系统的描述函数。

求解式(5-1)可以获得总误差方差及其导数、跟踪误差分量的表达式，由驾驶员引入的噪声确定：

$$\sigma_e^2 = \frac{\sigma_{e_i}^2 (1 - K_{n_{\dot{e}}} T_L^2 B) + \sigma_{\dot{e}}^2 K_{n_e} T_L^2 A}{1 - K_{n_e} A - K_{n_{\dot{e}}} T_L^2 B}$$

$$\sigma_{\dot{e}}^2 = \frac{\sigma_{\dot{e}_i}^2 (1 - K_{n_e} A) + \sigma_{e_i}^2 K_{n_{\dot{e}}} B}{1 - K_{n_e} A - K_{n_{\dot{e}}} T_L^2 B} \tag{5-7}$$

$$\sigma_{e_n}^2 = \frac{(\sigma_{e_i}^2 K_{n_e} + \sigma_{\dot{e}_i}^2 K_{n_{\dot{e}}} T_L^2) A}{1 - K_{n_e} A - K_{n_{\dot{e}}} T_L^2 B}$$

上述表达式的分母 $\sigma = 1 - K_{n_e} A - K_{n_{\dot{e}}} T_L^2 B$ 必须大于 0，$\sigma > 0$ 限制了人机系统可能的参数范围。因此，参考文献[1]中的条件 $\sigma > 0$ 被称为人机系统的稳定性判据。

这种驾驶员控制行为的数学模型与基本模型的不同之处在于以下几方面：

(1) 使用了复杂的视觉信息自适应通道模型。

(2) 引入了不同的参数选择方法。

(3) 引入了电机噪声以及感知噪声，考虑了感知死区误差及其速度的影响。

(4) 驾驶员控制行为生成修正模块(动觉反馈不涵盖神经肌肉模块)。

使用该模型进行数学建模(见图 5-6)表明，驾驶员的频率特性、误差方差、其他特性和参数(见表 5-1)与实验中获得的匹配度很好。

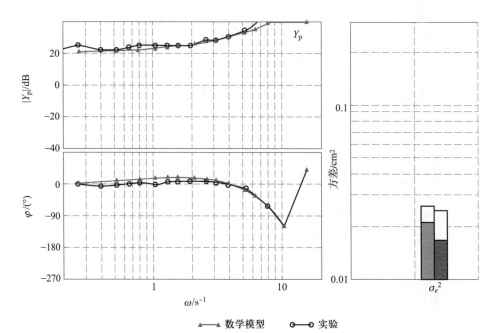

图 5-6　数学建模与实验结果对照

表 **5-1**

参数	谐振峰 r/dB	谐振峰频率 $\omega_{\mathrm{pic}}/(\mathrm{s}^{-1})$	穿越频率 $\omega_{\mathrm{c}}/(\mathrm{s}^{-1})$	带宽 $\omega_{\mathrm{BW}}/(\mathrm{s}^{-1})$	误差方差 $\sigma_e^2/(°)$
实验	8.53	3.927	3.046	3.25	0.026
Hess 模型[19]	9.34	5.24	4.29	4.48	0.007
改进模型	7.61	3.927	2.8	3.28	0.025

频率 $\omega_i = 0.2/\mathrm{s}$ 的输入信号频谱,详见图 5-6 和表 5-1 所示的比较结果。其对于输入信号不同的频谱参数值也是匹配的。

采用提出的模型可以获得驾驶员的频率响应特性、误差方差以及人机系统的其他特性,符合试验研究的结果,其增益 K_c 接近最优值 K_c^{opt},K_c^{opt} 的值对应于达到最小误差方差的增益值。该判据的缺点是无法研究某些变量对 PIO 现象的影响,即被控对象的增益系数 K_c' 和人机系统性能上允许的误差范围 d。为消除不足,可以使用模型参数选取的判据:

$$I = \min(\sigma_e^2 + Q_u \sigma_u^2) \tag{5-8}$$

并引入频谱密度 $S_{n_u n_u} = K_{n_u} \sigma_u^2 + \sigma_{u_0}^2$ 的附加电机噪声。这些增加的内容是第二版结构模型的本质。对于此模型，可以通过求解以下方程来计算式（5-8）中包含的方差：

$$(1-K_{n_e} C_1) \sigma_e^2 - K_{n_e} T_L^2 C_1 \sigma_{\dot{e}}^2 - K_{n_u} A_1 \sigma_u^2 = B_1 + A_1 \sigma_{u_0}^2 -$$

$$K_{n_e} C_2 \sigma_e^2 + (1-K_{n_e} T_L^2 C_2) \sigma_{\dot{e}}^2 - K_{n_u} A_2 \sigma_u^2 = B_2 + A_2 \sigma_{u_0}^2 - \qquad (5-9)$$

$$K_{n_e} C \sigma_e^2 - K_{n_e} T_L^2 C \sigma_{\dot{e}}^2 + (1-K_{n_u} A) \sigma_u^2 = B + A \sigma_{u_0}^2$$

式中，$A_1 = \int_0^\infty \left| \dfrac{Y_{CL}}{Y_p} \right|^2 d\omega$； $B_1 = \int_0^\infty |Y_{CLe}|^2 S_{ii} d\omega$；$C_1 = \int_0^\infty \dfrac{|Y_{CL}|^2}{1+T_L^2 \omega^2} d\omega$；

$A_2 = \int_0^\infty \left| \dfrac{Y_{CL}}{Y_p} \right|^2 \omega^2 d\omega$；$B_2 = \int_0^\infty |Y_{CLe}|^2 S_{ii} \omega^2 d\omega$；$C_2 = \int_0^\infty \dfrac{|Y_{CL}|^2 \omega^2}{1+T_L^2 \omega^2} d\omega$；

$A = \int_0^\infty |Y_{CL}|^2 d\omega$； $B = \int_0^\infty |Y_p Y_{CLe}|^2 S_{ii} d\omega$；$C = \int_0^\infty |Y_p Y_{CLe}|^2 \dfrac{1}{1+T_L^2 \omega^2} d\omega$。

权重系数 Q_u 对人机系统特性的影响将在 5.3.2 节中详细讨论。这里提到的权重系数选择程序，对驾驶员的结构模型和最优模型都是通用的。

5.1.2 多回路跟踪下驾驶员行为结构模型

许多实际的驾驶任务不能归结为单回路单通道控制任务，例如着陆任务。此时驾驶员控制与纵向通道中下滑路径的垂直偏差，沿俯仰角形成附加内回路。图 5-7 是一种双回路人机系统结构。

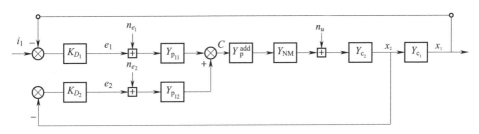

图 5-7 双回路人机系统结构

在该模型中，$Y_{p_{11}}$ 和 $Y_{p_{12}}$ 分别是驾驶员外回路和内回路模型，描述了驾驶员对内外回路中感知信号进行的最简单修正；Y_p^{add} 为驾驶员执行的附加修正；Y_{NM} 为神经肌肉系统的频率响应；n_{e_1} 和 n_{e_2} 为信号 e_1 和 e_2 的感应噪声。

$$S_{n_{e_1} e_2} = \frac{K^*_{n_{e_{1,2}}}}{f_{1,2}} \frac{\sigma_{e_{1,2}}^2 + \sigma_{\dot{e}}^2 T_{L_{1,2}}}{1+T_{L_{1,2}} \omega^2} \qquad (5-10)$$

其中每个频谱密度都应考虑双回路系统通道之间的注意力分布,如果 $f_1 = f$,则 $f_2 = 1 - f$。

上面给出了电机噪声模型 n_u。

在着陆任务中,Y_{c_2} 是俯仰角的传递函数,而传递函数 Y_{c_1} 确定了驾驶员位置高度变化 $H_p(s)$ 与俯仰角 $\theta(s)$ 之间的动态关系。考虑到参考文献[23]中给出的飞机高度 $H_p(s)$ 和俯仰角的传递函数,式 $\dfrac{H_p(s)}{\theta(s)}$ 具有以下形式:

$$\frac{H_p(s)}{\theta(s)} = \frac{s^2(\bar{Y}^\delta V + l\bar{M}_z^\delta - l\bar{Y}^\delta \bar{M}_z^{\dot{\alpha}})}{s^2\left(1 - \dfrac{\bar{Y}^\delta \bar{M}_z^{\dot{\alpha}}}{\bar{M}_z^\delta}\right) + s\left(\bar{Y}^\alpha - \dfrac{\bar{Y}^\delta \bar{M}_z^\alpha}{\bar{M}_z^\delta}\right)} +$$

$$\frac{s\left[-\bar{Y}^\delta(\bar{M}_z^{\omega z} + \bar{M}_z^{\dot{\alpha}})\right]V + l(\bar{M}_z^\delta \bar{Y}^\alpha - \bar{Y}^\delta \bar{M}_z^\alpha) + (\bar{M}_z^\delta \bar{Y}^\alpha - \bar{M}_z^\alpha \bar{Y}^\delta)V}{s^2\left(1 - \dfrac{\bar{Y}^\delta \bar{M}_z^{\dot{\alpha}}}{\bar{M}_z^\delta}\right) + s\left(\bar{Y}^\alpha - \dfrac{\bar{Y}^\delta \bar{M}_z^\alpha}{\bar{M}_z^\delta}\right)} \tag{5-11}$$

式中,l 为质心与驾驶员位置之间的距离。

对于有升降副翼或飞翼布局的飞机,频率特性 $H_p(j\omega)/\theta(j\omega)$ 的相位延迟增加。下面研究它对闭环系统稳定性的影响。此时,要考虑两架具有不同气动布局的飞机:航天飞机(无尾翼)和类似图-154 的常规飞机。它们在俯仰角方面具有相近的频率特性(见表5-2),除了延迟外,因气动布局的差异,Y_{c_1} 的差异也很大。

表5-2

飞机	Y_{c_1}	$Y_{c_2}^*$
航天飞机	$\dfrac{21.8 + 0.46s - s^2}{s(0.72 + s)}$	$\dfrac{K}{s(0.7s+1)}e^{-\tau_c s}$
图-154	$\dfrac{6.04 + 0.769s + s^2}{s(0.72 + s)}$	$\dfrac{K}{s(0.7s+1)}e^{-0.08s}$

两架飞机的俯仰频率特性在穿越频率范围内近似,具有大致相同的时间常数 $T = 0.7$ s。

$$Y_{c_2}(s) = \frac{K}{s(Ts+1)}e^{-\tau_c s} \tag{5-12}$$

对于航天飞机,研究中采用 $\tau_c = 0.15$ s。对于常规布局飞机,其延迟为0.08 s。假定驾驶员在内回路中尝试实现开环系统转角模型。为此,他必须补偿飞机沿俯仰角的动态非周期性运动。此时内外回路中的 Y_{p_1} 和 Y_{p_2} 模型应具有以下形式:

$$Y_{p_{11}} = Y_{p_1} K_{p_{11}}$$
$$Y_{p_{12}} = K_{Y_{p1}} (T_L s + 1) e^{-\tau s} \qquad (5-13)$$

式中,$T_L \equiv T$。

选取的驾驶员时间延迟等于 0.2 s,附加和神经肌肉系统乘积的传递函数如下:

$$Y_{NM} Y_{add} = \frac{1}{(T_N s + 1)(T_1 s + 1)} \qquad (5-14)$$

式中,$T_N = 0.1$ s,$T_1 = 0.01$ s。

接下来将该传递函数与延迟合并,$Y_N = Y_{NM} Y_{add} e^{-\tau s}$。两个回路中剩余频谱密度模型需要考虑驾驶员在两个回路之间的注意力分布。为了简便假设 $f_1 = f_2 = f = 0.5$,忽略电机噪声,可以获得以下方程组:

$$\begin{cases} \sigma_{e_1}^2 A_1 + \sigma_{e_2}^2 B_1 + \sigma_{\dot{e}_1}^2 C_1 + \sigma_{\dot{e}_2}^2 D_1 = \sigma_{e_{i_1}}^2 \\ \sigma_{e_1}^2 A_2 + \sigma_{e_2}^2 B_2 + \sigma_{\dot{e}_1}^2 C_2 + \sigma_{\dot{e}_2}^2 D_2 = \sigma_{e_{i_2}}^2 \\ \sigma_{e_1}^2 A_3 + \sigma_{e_2}^2 B_3 + \sigma_{\dot{e}_1}^2 C_3 + \sigma_{\dot{e}_2}^2 D_3 = \sigma_{e_{i_3}}^2 \\ \sigma_{e_1}^2 A_4 + \sigma_{e_2}^2 B_4 + \sigma_{\dot{e}_1}^2 C_4 + \sigma_{\dot{e}_2}^2 D_4 = \sigma_{e_{i_4}}^2 \end{cases} \qquad (5-15)$$

式中,由噪声频谱密度 n_{e_1}、n_e 以及闭环系统的频率特性分量确定系数:

$$A_1 = 1 - \frac{K_{n_{e_1}}}{f} \int_0^\infty \left| \frac{K_{D_1} Y_{p_{11}} Y_N Y_{c_2} Y_{c_1}}{\Delta} \right|^2 \frac{1}{1 + T_L^2 \omega^2} \, d\omega \;;$$

$$B_1 = \frac{K_{n_{e_2}}}{f} \int_0^\infty \frac{T_L^2}{1 + T_L^2 \omega^2} \left| \frac{K_{D_1} Y_{p_{12}} Y_N Y_{c_2} Y_{c_1}}{\Delta} \right|^2 d\omega \;;$$

$$C_1 = - \frac{K_{n_{e_1}}}{f} \int_0^\infty \frac{1}{1 + T_L^2 \omega^2} \left| \frac{K_{D_1} Y_{p_{11}} Y_N Y_{c_2} Y_{c_1}}{\Delta} \right|^2 d\omega \;;$$

$$D_1 = - \frac{K_{n_{e_2}} T_L^2}{f} \int_0^\infty \frac{\omega^2}{1 + T_L^2 \omega^2} \left| \frac{K_{D_1} Y_{p_{12}} Y_N Y_{c_2} Y_{c_1}}{\Delta} \right|^2 d\omega \;。$$

$$\Delta = 1 + Y_{c_2} Y_{p_{12}} Y_N K_{D_2} + K_{D_1} Y_{p_{11}} Y_N Y_{c_2} Y_{c_1} \qquad (5-16)$$

式中，K_{D_1} 和 K_{D_2} 分别为内回路和外回路的显示屏增益系数。

如果该系统的特征方程行列式大于 0，则研究的动力学系统稳定。

$$\begin{vmatrix} A_1 & B_1 & C_1 & D_1 \\ A_2 & B_2 & C_2 & D_2 \\ A_3 & B_3 & C_3 & D_3 \\ A_4 & B_4 & C_4 & D_4 \end{vmatrix} > 0$$

这个条件称为 σ，即双回路系统的稳定性判据。

如图 5-8 所示，根据 σ 判据计算驾驶员增益 K_t 和其可能的取值范围。计算一般构型的有两个区域：$\tau_c = 0.08$ s 和 $\tau_c = 0.15$ s。当 $\tau_c = 0.15$ s 时，可以实现内回路中航天飞机动力学与一般构型等效，并研究瞬时旋转中心（MCV）对稳定性的影响。瞬时旋转中心是指从驾驶员位置到飞行器相对旋转点距离（Δl_p）上的点。根据参考文献 [22]，Δl_p 的近似表达式为 $\Delta l_p = I_p + \dfrac{\overline{Y}^\delta V}{M_z^\delta}$。结果分析表明，MCV 位置在驾驶员前方（对于航天飞机），会导致驾驶员系数显著降低（与常规构型相比），即在驾驶员系数变化的情况下，PIO 现象的发生概率很高。延迟时间的增加使得两架飞机的稳定区域变窄，并加剧了两个回路的稳定性问题。

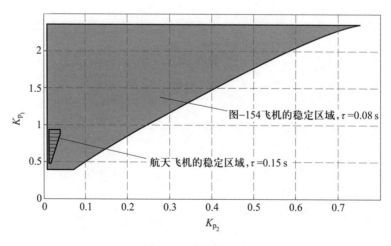

图 5-8　稳定性区域

综上所述,航天飞机的驾驶员在执行着陆任务时会形成两个回路,导致人机系统失去稳定性,并在下滑的角度和轨迹运动中出现 PIO 现象。

需要进一步发展该方法来研究双通道控制的问题。

在这种情况下,假设 Y_{P_1} 和 Y_{P_2} 模型的结构相同(见图 5-9),符合改进后的 Hess 模型。模型参数的选取程序根据最小化准则 $\sigma_e^2 = \sigma_{e_1}^2 + \sigma_{e_2}^2$,其中 $\sigma_{e_1}^2$ 和 $\sigma_{e_2}^2$ 分别为各控制通道中误差信号 e_1 和 e_2 的方差,并将控制通道之间的驾驶员注意力分配参数 f_i 引入剩余频谱密度模型。对于两通道控制情况和条件,驾驶员要全神贯注地执行控制任务,注意力分布系数公式为 $f_1 + f_2 = 1$,f_1、f_2 为驾驶员分别在第一、第二通道中对控制任务的注意力系数。考虑到注意力因素,信号 n_{e_1} 和 n_{e_2} 频谱密度的表达式如下:

$$S_{n_{e_{1(2)}}n_{e_{1(2)}}} = \frac{0.01\pi}{f_1(f_2)} \times \frac{\sigma_{e_{1(2)}}^2 + T_{L_{1(2)}}^2 \sigma_{e_{1(2)}}^2}{1 + T_{L_{1(2)}}^2 \omega^2} \tag{5-17}$$

式中,$f_2 = 1 - f_1$。

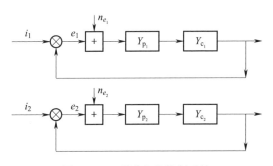

图 5-9 双通道人机控制系统

在对两种双通道人机系统进行建模时,飞机在纵向通道的动力学特性保持不变,符合 Have PIO 数据库中的 2-B 构型。第二种情况 $(Y_{c_2})_2$ 横向通道的飞机动力学特性要劣于第一种情况 $(Y_{c_2})_1$,仿真结果如图 5-10 所示。

由此可见,横向通道的动力学特性恶化,除了增加总误差外,还导致总误差方差与第一通道注意力 f_1 比例的最优关系曲线向左移动,驾驶员对动力学特性较差的横向通道增加了注意力 f_2。

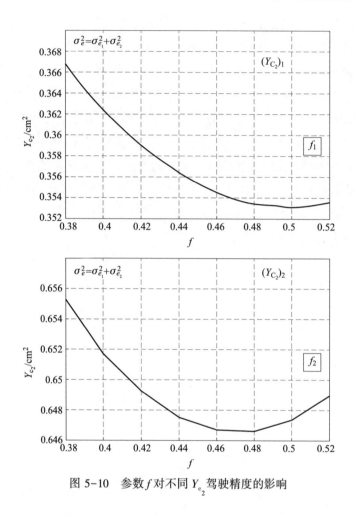

图 5-10　参数 f 对不同 Y_{c_2} 驾驶精度的影响

5.2　基于现代控制理论的驾驶员模型

5.2.1　模型结构

在驾驶员行为的最优模型中,假设被控对象的动态特性用线性微分方程来描述:

$$\dot{x}(t) = Ax(t) + Bu(t) + Ew(t) \tag{5-18}$$

式中,x 为状态向量;u 为控制向量;w 为外部输入作用的向量; 矩阵 A 和 B 分别描述了相应对象的动力学和控制效率。

指令信号作为输入作用,被建模成强度为 V_W 的白噪声过程 ω,并通过生成滤波器使其动态特性包含在矩阵 A 中。

输出变量 **y** 是观测(指示)向量,是向量 **x** 和 **u** 的线性组合:

$$y = Cx + Du \tag{5-19}$$

指示向量 **y**(t)包括驾驶员清楚观察到的变量及一阶导数:**y**(t) = [$y_e(t)$, $\dot{y}_e(t)$]^T。在多回路跟踪的情况下,**y**(t)是状态向量。该方法的最初研究仅限于视觉感知信息的情况。在随后的工作中,向量 **y**(t)包括驾驶员通过其他感觉系统感知到的信息,例如前庭系统。可以通过扩展向量 **y**(t)来考虑该系统的数学模型,该模型由半规管和耳石器组成。

驾驶员感知到向量 **y** 的延迟和噪声如下:

$$y_p = y(t-\tau) + V_y(t-\tau) \tag{5-20}$$

基于所感知的信息,驾驶员产生控制信号 **u**(t)。

假设驾驶员的控制任务可以使用以下形式的目标控制质量指标:

$$J = \lim_{T \to \infty} E\left[\frac{1}{T} \int_0^T (x^T Q_x x + u^T Q_u u + \dot{u}^T G \dot{u})\, \mathrm{d}t \right] \tag{5-21}$$

假设训练有素的驾驶员在固有的心理-生理限制(心理障碍)框架内,以最优方式解决面临的任务,即驾驶员选择 **u**(t)使泛函最小化,如式(5-21)所示。

作为驾驶员固有的心理-生理限制,该模型考虑了以下因素:驾驶员的延迟 τ,由驾驶员引入的噪声(观测噪声、控制时引入的电机噪声),神经肌肉系统的动力学特性,其近似模型由具有时间常数 T_N 的一阶惯性环节描述。

为了使该定义系统根据泛函[式(5-21)]执行最优控制,它必须包括(见图 5-11)以下几方面:

(1) Kalman 滤波器,产生对状态向量的评估。

(2) Kalman 预测,对时间 τ 进行提前评估。

(3) 最优调节器($-L^*$),生成对状态向量提前评估的控制。

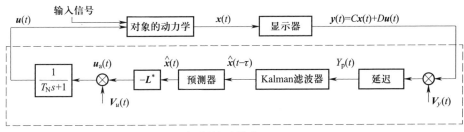

图 5-11 驾驶员行为最优控制模型的结构

通过扩展向量 $\boldsymbol{x}$ 并引入新的状态向量 $\boldsymbol{x}_0 = \begin{bmatrix} x \\ u \end{bmatrix}$,构建调节器。因此,可以写成:

$$\dot{\boldsymbol{x}}_0 = \boldsymbol{A}_0 \boldsymbol{x}_0 + \boldsymbol{B}_0 \boldsymbol{\mu} + \boldsymbol{E}_0 \boldsymbol{w} \tag{5-22}$$

$$J = \lim_{T \to \infty} \boldsymbol{E} \left[\frac{1}{T} \int_0^T (\boldsymbol{x}_0^{\mathrm{T}} \boldsymbol{Q}_0 \boldsymbol{x}_0 + \boldsymbol{\mu}^{\mathrm{T}} \boldsymbol{G} \boldsymbol{\mu}) \, \mathrm{d}t \right] \tag{5-23}$$

式中,$\boldsymbol{A}_0 = \begin{bmatrix} A & B \\ 0 & 0 \end{bmatrix}$;$\boldsymbol{B}_0 = \begin{bmatrix} 0 \\ I \end{bmatrix}$;$\boldsymbol{E}_0 = \begin{bmatrix} E \\ 0 \end{bmatrix}$;$\boldsymbol{Q}_0 = \begin{bmatrix} Q & 0 \\ 0 & Q_u \end{bmatrix}$;$\boldsymbol{Q} = \boldsymbol{C}^{\mathrm{T}} \boldsymbol{Q}_x \boldsymbol{C}$;$\boldsymbol{\mu} = \dot{\boldsymbol{u}}$。

任务的解算如下:

$$\boldsymbol{\mu} = -\boldsymbol{L} \boldsymbol{x}_0$$

$$\boldsymbol{L} = \boldsymbol{G}^{-1} \boldsymbol{B}_0^{\mathrm{T}} K_0 \tag{5-24}$$

式中,K_0 为 Riccati 代数方程的解:

$$\boldsymbol{A}_0^{\mathrm{T}} K_0 + K_0 \boldsymbol{A}_0 + \boldsymbol{Q}_0 - K_0 \boldsymbol{B}_0 \boldsymbol{G}^{-1} \boldsymbol{B}_0^{\mathrm{T}} K_0 = 0 \tag{5-25}$$

控制时,系数可以分为与向量 $\boldsymbol{x}_0$ 的分量相对应的分量:

$$\boldsymbol{\mu} = \begin{bmatrix} L_1 & L_2 \end{bmatrix} \begin{bmatrix} x \\ u \end{bmatrix} \tag{5-26}$$

选取控制 $\boldsymbol{u}$ 时的反馈系数 L_2,使其对应于神经肌肉系统的近似模型:

$$T_{\mathrm{N}}^* \dot{\boldsymbol{u}} + \boldsymbol{u} = \boldsymbol{u}_a + V_{u_a}$$

$$\boldsymbol{u}_a = -\boldsymbol{L}^* \boldsymbol{x}_0 \tag{5-27}$$

式中,$\boldsymbol{L}^* = \begin{bmatrix} L_2^{-1} L_1 & 0 \end{bmatrix}$,$L_2 = T_{\mathrm{N}}^{-1}$;$T_{\mathrm{N}}^*$ 为一阶惯性环节描述神经肌肉系统的时间常数;V_{u_a} 为接入控制的电机噪声。

在调节器中,只能将由观测向量确定的系统状态反馈向量作为反馈信号。通过 Kalman 滤波器进行解算,确定时间($t-\tau$)的状态估计值和时间 t 的线性评估预测。

向量 $\boldsymbol{x}$ 与调节器的扩展解决了构建 Kalman 滤波器和预测器的问题:

$$\dot{\boldsymbol{x}}_1 = \boldsymbol{A}_1 \boldsymbol{x}_1 + \boldsymbol{B}_1 \boldsymbol{u}_a + \boldsymbol{w}_1$$

$$\boldsymbol{y}_h = \boldsymbol{C}_1 \boldsymbol{x}_1 (1-\tau) + V_y (1-\tau) \tag{5-28}$$

式中,

$$\boldsymbol{A}_1 = \begin{bmatrix} A & B \\ 0 & -L_2 \end{bmatrix}; \boldsymbol{B}_1 = \begin{bmatrix} 0 \\ L_2 \end{bmatrix}; \boldsymbol{C}_1 = \begin{bmatrix} C & D \end{bmatrix}; \boldsymbol{x}_1 = \begin{bmatrix} x \\ u \end{bmatrix}; \boldsymbol{w}_1 = \begin{bmatrix} w \\ V_{u_a} \end{bmatrix}。$$

噪声强度 w,由强度矩阵确定:

$$W_1 = \begin{bmatrix} EV_wE' & B \\ 0 & L_2V_{u_a}L'_2 \end{bmatrix} \tag{5-29}$$

式中，V_w 为强度 $w(t)$ 的矩阵。

综上所述，强度为 W_1 的噪声过程 $w_1(t)$ 还包含了电机噪声 $V_{u_a}(t)$，它与控制 u_a 一起进入一阶惯性环节 $1/(T_N^* s+1)$ 的输入，描述了神经肌肉系统的动态模型。

Kalman 滤波器基于观测向量 y_p，计算向量 $x_1(t-\tau)$ 的最优估值 $p(t)$：

$$\dot{p}(t) = A_1p(t) + H_1[y_p(t) - C_1p(t)] + B_1u_a(t) \tag{5-30}$$

滤波器由表达式 $H_1 = \Sigma_1 C_1^T V_y^{-1}$ 确定，其中 Σ_1 是 Riccati 代数方程的解：

$$A_1\Sigma_1 + \Sigma_1 A_1^T + W_1 - \Sigma_1 C_1^T V_y^{-1}C_1\Sigma_1 = 0 \tag{5-31}$$

预测器根据向量 $p(t)$ 计算系统的状态向量 $\hat{x}_1(t)$ 的估值[1]：

$$\dot{\xi}(t) = A_1\xi(t) + B_1u_a(t)$$
$$\dot{x}_1(t) = \xi(t) + e^{A_1\tau}[p(t) - \xi(t-\tau)] \tag{5-32}$$

进入神经肌肉系统输入的控制是根据调节器的规律形成的：

$$u_a = -L^*\hat{x}_1 \tag{5-33}$$

在研究的驾驶员控制行为最优模型中，考虑了观测噪声、控制信号处理及电机噪声等相关的噪声源。

V_y 的观测噪声通过与强度为 V_{y_i} 的白噪声相乘进行模拟，它由离散的感知信号确定：

$$V_{y_i} = \frac{\rho_{y_i}}{f} \frac{\pi\sigma_{y_i}^2}{K_y(\sigma_{y_i},a_i)^2}, i=1,k \tag{5-34}$$

式中，ρ_{y_i} 为观测噪声系数；f 为第 i 个变量的注意力分配系数 $(0 \leqslant f \leqslant 1)$；$\sigma_{y_i}$ 为观测变量的强度（均方差）；$K_y(\sigma_{y_i},a_i) = \mathrm{erf}\left(\dfrac{a_i}{\sqrt{2}\sigma_{y_i}}\right)$，为考虑了感知阈值的函数；$a_i$ 为观测状态的死区值。

电机噪声的噪声强度定义如下：$V_{u_a} = \rho_{u_a}\pi\sigma_{u_a}^2$，其中 ρ_{u_a} 为电机噪声系数。

由于考虑的噪声分量具有乘性特性，因此模型调参的算法需要引入迭代过程来确定噪声强度。

图 5-12 表示一种模型结构，用于确定驾驶员最优控制行为的算法。

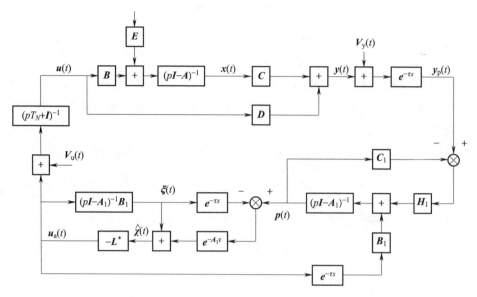

图 5-12　驾驶员最优控制行为算法

　　进行驾驶员行为最优模型的计算机模拟可以获得人机系统的以下特征：任何状态变量方差、控制和指示向量、最小泛函值、驾驶员描述函数的频率特性以及人机系统开环和闭环特性。上述所有特性都使用了莫斯科航空学院开发的 MOSM 程序包，在 Matlab 中实现最优驾驶员行为模型的计算机模拟。

　　实现 MOSM 程序包的简化结构如图 5-13 所示。

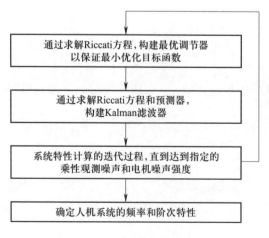

图 5-13　MOSM 的软件实现结构

5.2.2 最优驾驶员行为模型的改进

在关于跟踪任务的大多数研究中,应用最优驾驶员行为模型时使用的优化目标函数如下[1,4]:

$$J = \sigma_e^2 + Q_{\dot{u}} \sigma_{\dot{u}}^2 \qquad (5-35)$$

分析表明,这种形式的优化目标函数不能总在数学建模结果和实验结果之间取得良好的一致性。为了消除此缺点,提出了一种最优模型的调参算法,该算法的优化目标函数由考虑了控制方差的项补充,其形式为

$$J = \sigma_e^2 + Q_u \sigma_u^2 + Q_{\dot{u}} \sigma_{\dot{u}}^2 \qquad (5-36)$$

对于这种情况,仔细选择泛函系数 Q_u 可以改善频率与阶次特性(通过模拟和实验测量获得)之间的关系。在参考文献[10]中介绍了依据 Neal-Smith 准则建立数学模型获得的权重系数 Q_u,它与实验结果最接近,如表 5-3 所示。

表 5-3

构型	1-A	1-B	1-C	1-D	1-E	1-F	1-G	2-A	2-B	2-C	2-D	2-E
$Q_u/$ $(1/cm^2)$	0.06	0.03	0.26	0.57	0.27	0.14	0.1	0.05	0.15	0	0.4	0.15

构型	2-F	2-G	2-H	2-I	2-J	3-A	4-A	5-A	6-C	7-C	8-A
$Q_u/$ $(1/cm^2)$	0.18	1.5	0.3	0.05	0.15	0.3	1.15	0.06	0.51	0.75	0.51

在不同的动力学下,权重系数 Q_u($Q_u = 0 \sim 1.5$)的差异显著,预测结果不太可靠。

在实验中发现,当被控对象 K_c 的增益变化时,使用最优模型的优化目标函数[式(5-36)]可以获得人机系统特性的差异。但是 Q_u 的影响类似于优化目标函数中权重系数 Q_u 的变化,因为对于优化目标函数,系数 K_c 是控制方差 σ_u^2 的比例因子。在这种情况下,当 K_c 发生变化时,需要重新设置优化目标函数的权重系数 Q_u,从而与实验结果一致。

这种模型的缺点在于它无法显示被控对象的增益系数对误差及其离散分量（与输入信号 $\sigma_{e_n}^2$ 不相关）、相对误差 $\dfrac{\sigma_{e_n}^2}{\sigma_e^2}$ 的影响。实验也表明了这种效应（见图 5-14）。

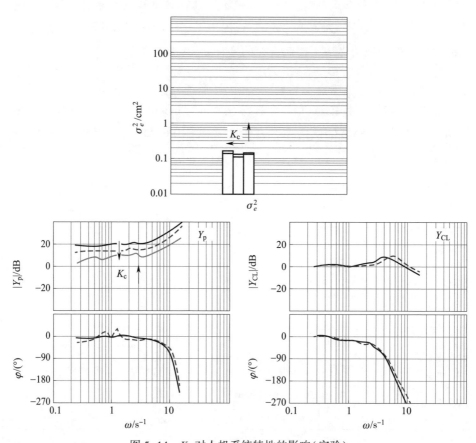

图 5-14　K_c 对人机系统特性的影响（实验）

由此,对电机噪声模型进行了改进,并完善了模型参数,从而通过数学建模更准确地预测结果。

噪声改进模型有以下形式:

$$V_{u_a} = V_u^o \pi + \rho_{o_u} \sigma_{u_a}^2 \tag{5-37}$$

引入附加的加性噪声 V_u^o,扩展了模型的功能:

(1) 在被控对象增益系数增加的情况下(K_c 值更大时),考虑噪声水平增加的效应。

（2）简化优化目标函数权重系数选取问题。

（3）研究被控对象最优增益系数选取程序。

（4）在执行精度要求发生变化时,通过设置优化目标函数权重系数 Q_u 与执行任务精度 $\pm d^*$ 之间的关系,研究人机系统特性确定的程序(见5.3.2节)。

将附加的加性噪声代入式(5-37)中,会增大模型分量的总体噪声水平,这需要减小目视通道 ρ_{y_i} 中的乘性噪声系数值。

选取模型参数: ρ_{o_u}、ρ_{y_i} 和 V_u^0,与优化目标函数[式(5-36)]权重系数选取程序一起,基于被控对象不同增益系数实验的电机噪声改进模型。选取参数时利用了瞄准任务对应的被控对象模型,对象沿目标瞄准角的动力学通过以下方程描述:

$$Y_c = K_c \frac{s^2 + \overline{Y}^\alpha s + \dfrac{V}{L} \overline{Y}^\alpha}{s^2(s^2 + 2\xi_n \omega_n s + \omega_n^2)} \tag{5-38}$$

式中,L 为到目标的距离。

选取了以下参数用于该传递函数:

$\overline{Y}^\alpha = 1.25 \mathrm{/s}; V = 250 \mathrm{~m/s}; L = 600 \mathrm{~m}; \xi_n = 1; \omega_n = 2.5 \mathrm{/s}, K_c = \{0.5K_c^*, K_c^*, 2K_c^*\}$

式中,K_c^* 对应驾驶员选取的值($K_c^* = 2.26 \mathrm{/s}$)。

输入信号具有以下频谱密度:

$$S_{ii} = \frac{K^2}{(\omega^2 + \omega_i^2)^2} \tag{5-39}$$

式中,$\omega_i = 0.5 \mathrm{/s}; \sigma_i^2 = 4 \mathrm{~cm}^2$

图5-15的实验结果表明了最优系数 $K_{c_{opt}}$ 的存在,它保证了误差方差的最小化。对实验与建模结果进行比较,得到的参数如表5-4所示。

表 5-4

T_N^*/s	τ/s	V_u^0	$\rho_{o_{y_1}}$	$\rho_{o_{y_2}}$	$\rho_{p_{u_2}}$	$Q_u/[1/(°)^2]$
0.05	0.25	0.000 2	0.005	0.005	0.003	0.01

选取的参数显示建模结果(见图5-15)与实验测量的特性匹配度很好(见图5-14)。这些最优模型参数已用于不同人工控制任务的进一步仿真。最优模

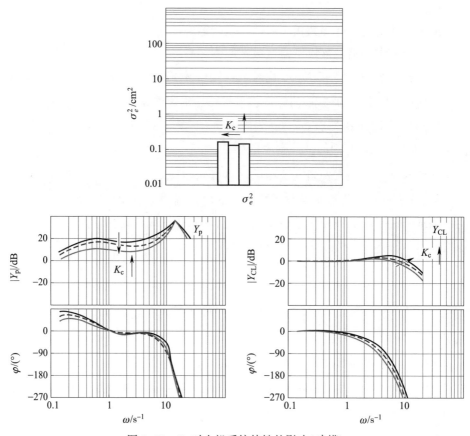

图 5-15　K_c 对人机系统特性的影响（建模）

型的缺点是在低频域模型 $Y_p(j\omega)$ 超前过大,而闭环系统的谐振峰更小,相较于实验结果,其性质更加平缓。

5.3　数学模型结果分析

　　本节将介绍驾驶员最优模型以及结构模型的结果。这些模型可以预测许多变量(尤其是被控对象动力学、增益系数、对驾驶精度的要求)对人机系统特性,以及多通道控制任务中驾驶员主观评价的影响。

5.3.1　驾驶员操纵行为模型对飞机动力学的响应

　　图 2-27 和图 2-28 的实验研究结果表明,不同被控对象(LAHOS 2-10 和 HP 2-1)的驾驶过程具有不同的任务执行精度、闭环系统谐振峰以及驾驶员超前修正。

这些结果通过最优模型和结构模型获得,如图 5-16 和图 5-17 所示。LAHOS 2-10 构型的数学模型结果表明,与 HP 2-1 构型相比,其误差方差 σ_e^2 和驾驶员超前修正 φ 增大,谐振峰和带宽减小,穿越频率降低。

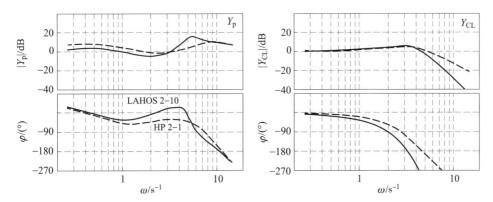

图 5-16 被控对象动力学对频率特性 $Y_p(j\omega)$ 和 $Y_{CL}(j\omega)$ 的影响(最优模型)

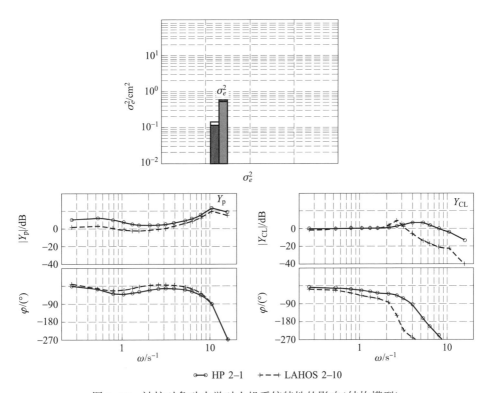

图 5-17 被控对象动力学对人机系统特性的影响(结构模型)

5.3.2　驾驶员操纵行为最优模型对增益系数 K_c 和允许误差范围 d 的响应

1）对增益系数的影响

HP 2-1 和 LAHOS 2-10 构型的动力学增益系数对建模结果的影响如图 5-18~图 5-20 所示。

HP 2-1（一级构型）的 K_c 变化使驾驶员增益系数在恒定的相位补偿下也发生相应变化（见图 5-18）。关于飞行品质的三级构型（LAHOS 2-10），增益系数 K_c 的增加引起了驾驶员在穿越频域相位的超前显著增加（见图 5-19）。因此，增益系数的影响程度取决于被控对象的动力学，对此在实验中也进行了观察。

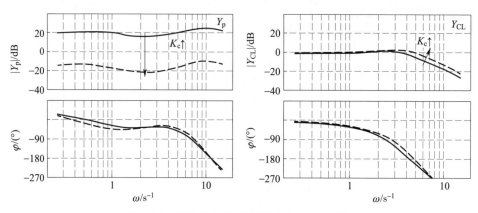

图 5-18　增益系数 K_c 的影响（HP 2-1 构型）

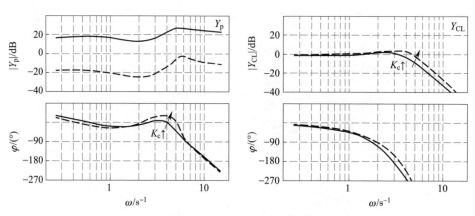

图 5-19　增益系数 K_c 的影响（LAHOS 2-10 构型）

对于上述构型,计算出关系曲线 $\sigma_e^2 = f(K_c)$,如图 5-20 所示。该曲线具有最优值,与实验结果一致性很好。

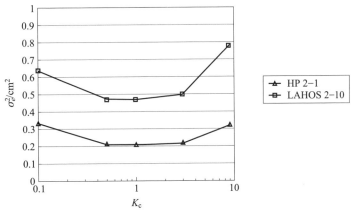

图 5-20　最优模型的关系曲线 $\sigma_e^2 = f(K_c)$

根据实验结果,构型 HP 2-1(一级构型)的增益系数 K_c 变化范围很广,此时误差方差 σ_e^2 实际上不变,而构型 LAHOS 2-10(三级构型)的增益系数变化范围很小。但是最优模型没有明确地描述这种特征。这种不一致可以通过神经肌肉系统的非线性以及模型中未考虑的其他特性来解释。

2) 对执行任务精度要求的影响

根据 2.1.2 节的实验研究结果,允许误差范围 d 与均方差相关,$d = 4\sigma_e$。因此,精度要求可归结为对 σ_e^2 和 σ_e 的要求,它们应符合 σ_e^{*2} 和 σ_e^* 的具体值。

在人机系统的数学建模中,判据式(5-8)由方差 σ_e^2 和 σ_u^2 确定。当权重系数 Q_u 变化时,σ_e^2 也变化。这种方差调节方式可解释为驾驶员负荷减少是误差增加的原因。

权重函数 Q_u($Q_u = 0.01$ 和 1)对 $\sigma_e^2 = f(K_c)$ 的影响(见图 5-21)表明,增大 Q_u 会使 σ_e^2 最小值向增益系数 K_c 增大方向移动,从而导致驾驶杆位移减小(σ_u^2 减小)。Q_u 的变化改变了目标泛函式(5-8)中的 σ_e^2 和 σ_u^2 之间的关系。因此,这也可以作为任务执行精度要求的变化。Q_u 的减小是增加精度要求的原因,反之亦然。

图 5-22 和图 5-23 显示了不同 Q_u 下 HP 2-1 和 LAHOS 2-10 构型的数学模型。它对人机系统特性的影响性质近似于增益系数的影响性质。Q_u 增大会使驾驶员增益系数 K_p 减小,与 K_c 变化情况一样。Q_u 的减小是驾驶员在第三级构型引入相位补偿增大的原因。

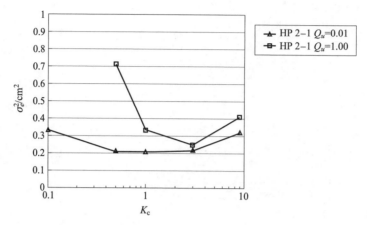

图 5-21 最优模型下不同 Q_u 的关系曲线 $\sigma_e^2 = f(K_c)$

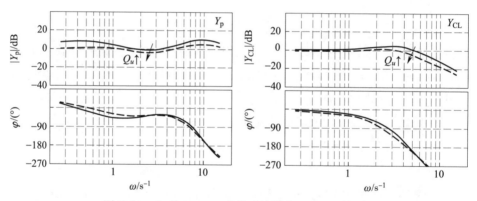

图 5-22 Q_u 从 0.01~1 变化时的影响(HP 2-1 构型)

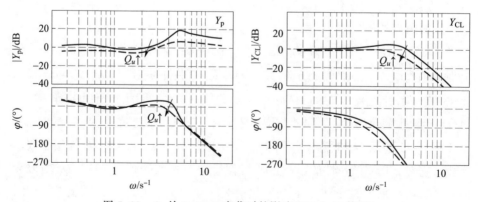

图 5-23 Q_u 从 0.01~1 变化时的影响(HP 5-10 构型)

建模结果与实验数据一致性较好。Q_u 的减小(精度要求增加)使穿越频域内飞机飞行品质评价的第三级构型引入的相位修正增大(驾驶员相位频率特性增大)。在该频域内,驾驶员相位频率特性的变化不像 HP 2-1 构型的那么明显。Q_u 对方差 σ_e^2 的影响如图 5-24 所示。

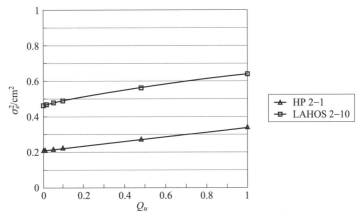

图 5-24　最优模型计算的关系曲线 $\sigma_e^2 = f(K_c)$

考虑图 5-24 中的结果和 $d = 4\sigma_e$,对每个研究构型,可以确定 d 与系数 Q_u 之间的关系。为此必须确定:

(1) 每个构型的关系曲线 $\sigma_e = f(Q_u)$(通过建模)。

(2) 考虑 $d = 4\sigma_e$ 的权重 Q_u。

(3) 给定 d 时每个构型的人机系统特性。

5.3.3　驾驶员操纵行为结构模型对增益系数 K_c 和允许误差范围 d 变化的响应

利用结构模型得到增益系数 K_c 影响的建模结果(见图 5-25 和图 5-26),与利用驾驶员操纵行为最优模型得到的结果相同。

这些构型的 K_c 变化使驾驶员增益系数发生了相应的变化,但相位补偿的变化并不大。得到的结果与实验数据有所不同,当三级构型控制的增益系数 K_c 增大时,在穿越频域内驾驶员相位频率特性的增长要比一级构型被控对象的更大,但是驾驶员结构模型无法描述这种特点。

上述构型计算的关系曲线 $\sigma_e^2 = f(K_c)$ 如图 5-27 所示。该曲线具有最优值,并与实验数据匹配度很好。

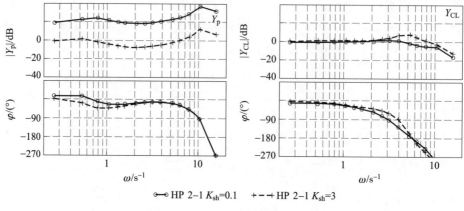

⊶ HP 2−1 K_{sh}=0.1　+−−+ HP 2−1 K_{sh}=3

图 5−25　HP 2−1 构型的 K_c 变化

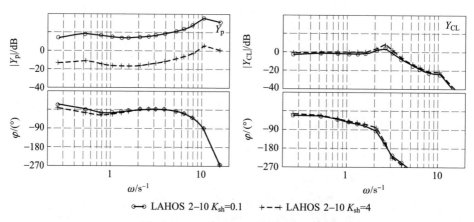

⊶ LAHOS 2−10 K_{sh}=0.1　+−−+ LAHOS 2−10 K_{sh}=4

图 5−26　LAHOS 2−10 构型的 K_c 变化

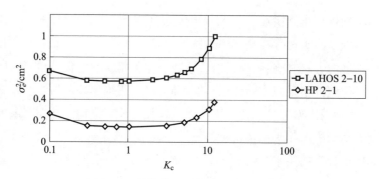

图 5−27　结构模型的关系曲线 $\sigma_e^2=f(K_c)$

　　HP 2-1 构型（一级构型）的增益系数 K_c 变化范围扩展不大,此时误差方差 σ_e^2 实际上不变化,如图 5-27 所示。

　　驾驶任务执行精度要求的影响。目标泛函系数 Q_u 对利用结构模型得到结果影响,与利用驾驶员操纵行为最优模型得到的结果相同。

　　当 Q_u 变化时,改变了目标泛函式(5-5)中的 σ_e^2 和 σ_u^2 方差之间的关系。因此,这也可以作为任务执行精度要求的变化。Q_u 的减小是增大精度要求的原因,反之亦然。

　　当 Q_u 不同时,HP 2-1 和 LAHOS 2-10 构型的建模结果如图 5-28 和图 5-29 所示。增益系数同样影响了人机系统特性。Q_u 增大会使驾驶员增益系数 K_p 减小,驾驶员相位特性不变。

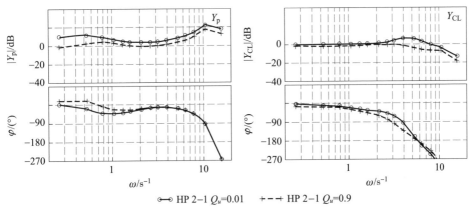

图 5-28　Q_u 变化对人机系统特性的影响(HP 2-1 构型)

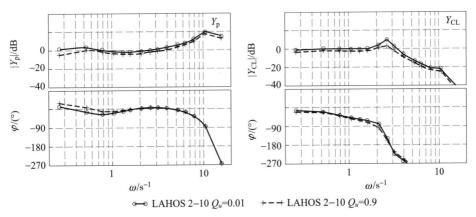

图 5-29　Q_u 变化对人机系统特性的影响(LAHOS 2-10 构型)

考虑图 5-30 中的结果和 $d=4\sigma_e$，为了确定 $Q_u=f(d)$ 可以利用最优模型的程序。

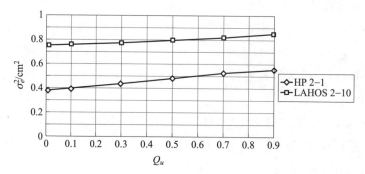

图 5-30　结构模型的关系曲线 $\sigma_e=f(Q_u)$

5.3.4　利用驾驶员操纵行为数学模型预测驾驶员主观评价

下面研究最优模型预测双通道控制任务的 PR 评价。

利用驾驶员结构模型的参数 f，对多通道控制与单通道控制的差异进行建模，可以考虑驾驶员在控制通道间的注意力分配，通过增大驾驶员目视信息感知模型中的观测噪声值。

对于双通道控制情况，每个通道的观测噪声模型通过以下关系式确定：

$$V_1=\frac{\rho_{y_1}}{f_1}\pi\sigma_{y_1}^2$$

$$V_2=\frac{\rho_{y_2}}{f_2}\pi\sigma_{y_2}^2$$

$$(5-40)$$

式中，f_1 和 f_2 为驾驶员在第一和第二控制通道的注意力分配参数，$f_1=1-f_2$；$\sigma_{y_1}^2$ 和 $\sigma_{y_2}^2$ 为每个感知变量 y 的方差。

利用驾驶员行为最优模型对每个控制通道分别进行建模，此时驾驶员注意力分配系数的变化范围为 $0.1\sim0.9$。

根据建模结果，可以得到 f_1 和 f_2 参数值函数上 $\mathrm{PR}_1(f_1)$ 和 $\mathrm{PR}_2(f_2)$ 评价的关系曲线。

双通道控制的总体评价由曲线图 $\mathrm{PR}_1(f_1)$ 与 $\mathrm{PR}_2(f_2)$ 的交叉点确定，它确定了参数值 $f_1=1-f_2$ 以及总体评价：

$$\mathrm{PR}_\Sigma=\mathrm{PR}_1(f_1)=\mathrm{PR}_2(1-f_1)$$

$$(5-41)$$

此时满足条件：

$$PR_{\Sigma} = \min_{f_1}\{\max[PR_1(f_1), PR_2(1-f_1)]\} \tag{5-42}$$

根据该条件,选取双通道的最小(最好)评价值并定义为每个控制通道评价的最大(最差)值。

引用的驾驶员驾驶评价算法用于研究两种驾驶员模型(结构模型和最优模型)的双通道系统。此时,研究了一级驾驶评价的动力学构型,从早前的简易飞行模拟工作台研究数据库中,确定了基于实验数据的双通道控制驾驶评价。

俯仰通道的驾驶员传递函数有以下形式:

$$W_{\theta} = \frac{K_{\theta}(s+1.25)}{s(s^2+2\xi_k\omega_k s+\omega_k^2)}e^{-\tau_{\theta}s} \tag{5-43}$$

而滚转通道有

$$W_{\phi} = \frac{K_{\phi}}{s(s+1/T_r)}e^{-\tau_{\phi}s} \tag{5-44}$$

所研究构型的模型参数值如表 5-5 和表 5-6 所示。表 5-7 是这些构型的计算总值 PR_{Σ}。

如 5.1 节所述,选取驾驶员行为特性的最优控制模型参数,不包括驾驶员行为延迟 τ_p 和信号神经肌肉的时间常数 T_N^*。

表 5-5

构型代号	俯仰通道参数值			
	ξ_k	ω_k	τ_{θ}	K_{θ}
11	4.526	11.18	0	1
3	0.8	5	0.033	0.75
8	0.8	5	0.2	0.9

表 5-6

构型代号	滚转通道参数值		
	$(1/T_r)/s^{-1}$	τ/s	K_{ϕ}
J	100	0	3
D	4	0.067	3.5

表 5-7

构型代号	构型代号		
	11	3	8
J	1.98	2.34	3.9
D	3.26	3.3	4.1

俯仰通道中：$\tau_p = 0.25$ s，$T_N^* = 0.1$ s。

滚转通道中：$\tau_p = 0.3$ s，$T_N^* = 0.25$ s。

俯仰通道和滚转通道的指定模型参数的调整值不同，引起了这些通道中驾驶员行为参数的差异。

确定驾驶任务的输入信号特性，利用滤波器生成 $W_i = \dfrac{K_i}{(T_f j\omega + 1)^2}$。

俯仰通道中，选取参数 T_f 和 K_i，使得 $\sigma_{i_\theta}^2 = 4$ cm^2，$\omega_i = 0.5/$s。滚转通道中，$T_f = 0.5/$s，$\sigma_{i_\phi}^2 = 452°^2$。

每个通道都利用了下列表达式，用于计算驾驶员的主观评价：

$$PR_{1,2} = 1 + 5.36\ln\frac{\sigma_{e_{1,2}}}{\sigma_{e_{opt_{1,2}}}} \tag{5-45}$$

在给定上述驾驶员模型参数和输入信号时，表达式中的 $\sigma_{e_{opt_{1,2}}}$ 一般取 0.304°（俯仰通道）和 2.452°（滚转通道），这符合飞机最优模型得到的跟踪误差的均方差，$Y_c = Y_{c_{opt}}$ [1]。

通过建模得到 PR 评价值与滚转和俯仰通道 5 组飞机动力学特性的关系曲线。动力学构型的代号如表 5-5 和表 5-6 所示，其中还引入了驾驶员评价数学建模得到的值。将实验数据处理后得到的不同评价结果，跟踪误差均方差的实验值代入表达式中（见图 5-31）。应注意到评价值之间具有良好的对应关系，其实际范围为±0.5。

图 5-32 表示数学模型得到的评价与针对飞行模拟器任务半物理模型驾驶员给出的评价之间的对比。

3-J 构型的实验与数学模型间 PR 差值超过 1 分。利用算法确定评价的评估模型计算值，大体上可以得到与实验数据很好的匹配关系。利用结构模型时得到的结果相近。

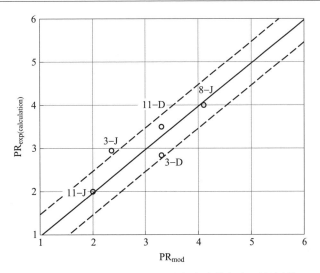

图 5-31 数学模型得到的评价与实验数据得到的评价

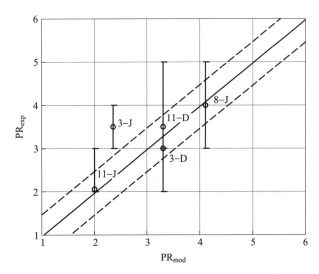

图 5-32 数学模型得到的评价与飞行模拟器上得到的评价

5.4 综合模型

除了改进上述已知的驾驶员控制行为特性建模方法外,莫斯科航空学院还开发了一种基于神经网络方法的全新模型[24]。

5.4.1 综合模型的定义

该模型的基础是假设描述函数 $Y(j\omega)$ 对应于某个构型 $Y_{cj}(j\omega)$,可以根据经验控制两个最接近 $Y_{cj}(j\omega)$ 构型的 $Y_{ck}(j\omega)$ 和 $Y_{cm}(j\omega)$ 来确定。

　　为了构建这种驾驶员行为的综合模型,有必要进行广泛的实验研究,以期创建一个描述与动态构型数据库 $Y_{\mathrm{p}}^{\mathrm{e}}(\mathrm{j}\omega)$ 相对应的描述函数数据库 $Y_{\mathrm{c}}(\mathrm{j}\omega)$。

　　此描述函数数据库用于构建神经网络(NN)的驾驶员模型 $Y_{\mathrm{p}i}$,对于获取的每个 $Y_{\mathrm{c}i}$,必须与实验研究结果高度符合,$Y_{\mathrm{p}i}\Leftrightarrow Y_{\mathrm{p}i}^{\mathrm{M}}$。

　　实验数据库用于确定最接近 $Y_{\mathrm{c}j}$ 的两个构型 $Y_{\mathrm{c}k}$ 和 $Y_{\mathrm{c}m}$,并从中分离出两个描述函数 $Y_{\mathrm{p}k}^{\mathrm{e}}(\mathrm{j}\omega)$ 和 $Y_{\mathrm{p}m}^{\mathrm{e}}(\mathrm{j}\omega)$,这些函数是在构型的实验中获得的。两种驾驶员描述函数的知识,应使我们能够将 $Y_{\mathrm{p}j}(\mathrm{j}\omega)$ 的描述函数定义为类似 $Y_{\mathrm{p}j}=f(Y_{\mathrm{p}k}^{\mathrm{e}},Y_{\mathrm{p}m}^{\mathrm{e}})$ 的函数。

　　对模型 $Y_{\mathrm{p}i}^{\mathrm{eM}}$ 和 $Y_{\mathrm{p}j}^{\mathrm{eM}}$ 的了解,应确保开发对象 $Y_{\mathrm{c}j}$ 的综合神经网络模型。

5.4.2　神经网络模型的开发步骤

驾驶员的神经网络模型的开发步骤如下。

(1) 选择模型训练的方法并确定参数。

(2) 训练集的定义。

(3) 确定模型的结构,其中包括:

a. 确定模型架构的类型。

b. 定义模型的一组输入信号。

c. 确定层的类型、神经元的数量。

d. 确定激活功能的类型。

　　在创建神经网络模型时,使用了 Matlab/神经网络软件包以及误差反馈法。研究表明,输入信号集取决于被控对象的属性。

　　如果被控对象是线性的,则应选择与输入线性相关的信号 $e(t)$、$c(t)$、$y(t)$ 作为输入信号。对于被控对象的动态非线性,模型的输入信号为完整信号 $e(t)$、$c(t)$、$y(t)$。其中研究表明,2 400 个点足够保证训练集。在这些条件下,训练过程是稳定的。选择了时延神经网络架构,如图 5-33 所示。

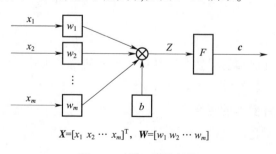

$$X=[x_1\ x_2\ \cdots\ x_m]^{\mathrm{T}},\quad W=[w_1\ w_2\ \cdots\ w_m]$$

图 5-33　神经网络架构

$$x_i = \{e, y\}$$

$$e = [e(t-\tau_e), \dot{e}(t-\tau_{\dot{e}}), \cdots]$$

$$y = [y(t-\tau_y), \dot{y}(t-\tau_{\dot{y}}), \cdots]$$

$$\dot{e}(t-\tau_{\dot{e}}) = \frac{\Delta e(t-\tau_{\Delta e})}{\delta_{\Delta e}} = \frac{e(t-\tau_{\Delta e}) - e(t-\tau_{\Delta e}-\delta_{\Delta e})}{\delta_{\Delta e}} \qquad (5-46)$$

$$\dot{y}(t-\tau_{\dot{y}}) = \frac{\Delta y(t-\tau_{\Delta y})}{\delta_{\Delta y}} = \frac{y(t-\tau_{\Delta y}) - y(t-\tau_{\Delta y}-\delta_{\Delta y})}{\delta_{\Delta y}}$$

式中，$e(t-\tau_{\Delta e})$、$\dfrac{e(t-\tau_{\Delta e}-\delta_{\Delta e})}{\delta_{\Delta e}}$、$y(t-\tau_{\Delta y})$、$\dfrac{y(t-\tau_{\Delta y}-\delta_{\Delta y})}{\delta_{\Delta y}}$ 为几个时间步长上的各个信号。

研究表明，对于被控对象的动态线性，激活函数必须是线性的（$F=1$），而对于被控对象的动态非线性，则必须使用非线性激活函数（见图 5-34）。

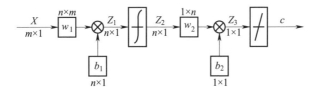

图 5-34 非线性激活函数

对于模型训练及其参数选择，工作中研究了以下一组判据：

（1）$E = \mathrm{mse}(c)\_\mathrm{training} = \dfrac{1}{N} \sum\limits_{i=1}^{N} [c_{\exp}^*(t_i) - c_{\mathrm{mod}}^*(t_i)]^2$。

（2）$\mathrm{mse}(c)\_\mathrm{checking} = \dfrac{1}{N} \sum\limits_{i=1}^{N} [c_{\exp}(t_i) - c_{\mathrm{mod}}(t_i)]^2$。

（3）$\mathrm{mse}(y)\_\mathrm{closeloop} = \dfrac{1}{N} \sum\limits_{i=1}^{N} [y_{\exp}(t_i) - y_{\mathrm{mod}}(t_i)]^2$。

（4）$J = \sum\limits_{k=1}^{15} [A_{\exp}(\omega_k) - A_{\mathrm{mod}}(\omega_k)]^2 + \dfrac{\pi}{180}[\phi_{\exp}(\omega_k) - \phi_{\mathrm{mod}}(\omega_k)]^2$。

式中，下标"exp"和"mod"分别代表实验及数学建模中得到的特性；"$*$"代表训练集中的信号。

图 5-35 显示了具有非线性激活函数的神经网络模型结构。

研究表明，这些构型的幅频特性在截止频域内具有明显的零位偏移，必须将补偿滤波器 $W_f = \dfrac{1}{T_y s + 1}$ 引入到 NN 模型中。式中，$\dfrac{1}{T_y}$ 应等于飞机的零传递函数。

对于飞机沿俯仰角的传递函数,具有 $\overline{Y}^\alpha = \dfrac{n_y^\alpha g}{V}$。因此,$\overline{Y}^\alpha = \dfrac{1}{T_y}$。由于神经网络模型中没有非周期滤波器,因此输入信号 $y(t)$ 不会获得稳定的训练过程。

考虑了模型的改进,图 5-36 引入了驾驶员神经网络模型。

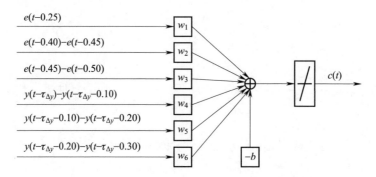

图 5-35　具有非线性激活函数的神经网络模型结构

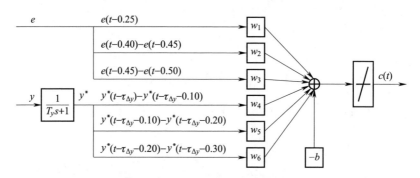

图 5-36　驾驶员神经网络模型

参数 $\tau_{\Delta y}$ 的选取规则如下:

$$\tau_{\Delta y} = \begin{cases} 1.00 \text{ s}, \omega_{-135°} \leqslant 0.65/\text{s} \\ 0.70 \text{ s}, 0.65/\text{s} < \omega_{-135°} \leqslant 1.21/\text{s} \\ 0.40 \text{ s}, 1.21/\text{s} < \omega_{-135°} \leqslant 2.00/\text{s} \\ 0.35 \text{ s}, \omega_{-135°} > 2.00/\text{s} \end{cases}$$

式中,$\omega_{-135°}$ 为相位 $W_c^* = W_c W_f = 135°$ 的频率。

对于每个动力学构型,需要调整权重 ω_i 和 b_i。

计算的神经网络模型频率特性如图 5-37 所示。这里引入了实验得到的频率特性。对比获得的结果可知,神经网络模型结果与实验结果匹配得很好。

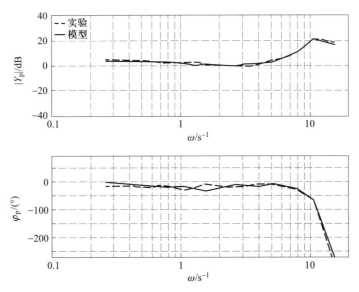

图 5-37 计算的神经网络模型与实验得到的驾驶员频率特性对比

除了适应性之外,任何一个数学模型都应具有预测性,即可以在条件变化时改变参数。对拥有自适应行为特性的驾驶员来说,预测性要求被简化为选取条件执行的变量任务的操纵行为特性。选取应根据开发算法进行,得到的驾驶员行为特性建模结果应符合实验结果,实验结果通过建模确认。下面将介绍神经网络模型的预测性获取程序。

5.4.3 对象的增益系数选择

对代号为 24010、24025、24050、24075、24100 和 24150 的构型来说($K_c =$ 0.10、0.25、0.50、0.75、1.00、1.50 及 $\frac{1}{T_y} = 1.4$),引入一组计算实验,搭建一个神经网络模型的控制构型,用于预测另一个构型的驾驶员控制行为特性。结果表明,如果两个研究构型的增益系数差异过大,那么在包括构建模型的闭环系统中,对过程的差异进行观测。

已知的研究实验显示,在 K_c 变化的一定范围内,被控对象和驾驶员增益系数的乘积大致恒定。因此,假设神经网络模型系数改变(w 为神经网络模型的权重),根据以下公式生成神经网络模型:

$$w_{预测} = w_{训练} \frac{K_{c_{训练}}}{K_{c_{预测}}} \tag{5-47}$$

利用该规则的结果如表 5-8 所示。由此可见,除了 $K_c = 0.1$ 和 $K_c = 1.5$ 的情况外,预测取得了很好的结果(判据值 $J < 100$)。当 $K_c = 0.1$ 时,J 为 457,此时需要驾驶杆位移最大,在实验结果中指出了非线性限制。当 $K_c = 1.5$ 时,驾驶杆位移最大会导致噪声对驾驶员行为的影响加大。驾驶员飞行品质的差异使得预测值不一致,从而使 J 增大。

表 5-8

训练代号	24010	24025	24050	24075	24100	24150
预测代号				J		
24010	196	331	345	437	384	456
24025	239	77	81	99	90	158
24050	287	75	61	77	81	126
24075	397	85	78	47	61	129
24100	373	77	74	42	58	126
24150	457	184	483	152	111	220

5.4.4　近似构型的选择

为了得到所有构型精确的驾驶员操纵特性预测神经网络模型,必须利用两个之前得到的驾驶员频率特性(近似构型以及这些特性的插值)。为此,首先要确定近似值,它对驾驶员操纵行为频率特性的插值影响很大。

为了确定构型的近似值,引入指标 J:

$$J(i) = \sum_{j=1}^{n} \{ [A_c(i, \omega(j)) - A_{c_{pred}}(\omega(j))]^2 +$$
$$\frac{\pi}{180} [F_c(i, \omega(j)) - F_{c_{pred}}(\omega(j))]^2 \} \tag{5-48}$$

式中,$A_{c_{pred}}$ 和 $F_{c_{pred}}$ 分别为构型的振幅和相位,为此必须确定驾驶员的频率特性;A_c 和 F_c 为来自构型数据库的振幅和相位。

在频率 1~10 rad/s 范围内对特性进行比较。J 越小,两个比较构型就越近似。根据 J 选择具有最小值 J_1 和 J_2 的两个构型 Y_{c_1} 和 Y_{c_2}。

为了消除被控对象增益系数的影响,在计算 J 时要利用被控对象振幅的标准值。

$$A_c^* = \frac{A_c}{K_c} \qquad (5-49)$$

5.4.5 频率特性的插值

与研究对象 Y_c 对应的驾驶员频率特性(综合模型),可以通过初步得到的驾驶员频率特性(最接近研究对象的两个被控对象)的线性插值获得。

此时,插值频率上的驾驶员振幅和相位值($A_{P\,\text{pred}}$ 和 $F_{P\,\text{pred}}$)由下列方程确定:

$$A_{P\,\text{pred}}(\omega_i) = A_{P_1}(\omega_i) - \frac{A_{P_1}(\omega_i) - A_{P_2}(\omega_i)}{J_1 - J_2} J_1$$

$$\qquad (5-50)$$

$$F_{P\,\text{pred}}(\omega_i) = F_{P_1}(\omega_i) - \frac{F_{P_1}(\omega_i) - F_{P_2}(\omega_i)}{J_1 - J_2} J_1$$

式中,A_{P_1} 和 A_{P_2} 为近似构型的驾驶员振幅;F_{P_1} 和 F_{P_2} 为近似构型的驾驶员相位。

$I_{Ak}(\omega)$、$I_{Am}(\omega)$、$I_{\varphi k}(\omega)$、$I_{\varphi m}(\omega)$ 为动力学构型的振幅值与相位值间的差值,对于其中一个构型必须确定驾驶员频率特性,另一个构型则与该构型近似。

因此,在进行插值的过程中,A_{P_1} 和 A_{P_2} 被减小了 K_{c_1} 和 K_{c_2} 倍($A_P^* = A_{P_1} \times K_{P_1}$,$A_{P_2}^* = A_{P_2} \times K_{P_2}$),此后必须改变 $A_{P_2}^*$,即 $A_{P\,\text{pred}} = A_{P\,\text{pred}}^* \times K_{P\,\text{pred}}$。

图 5-38 展示了驾驶员综合模型的频率特性。此处还引入了结构模型和最优模型的频率特性。对比所有频率特性表明,综合模型与实验结果最为匹配。

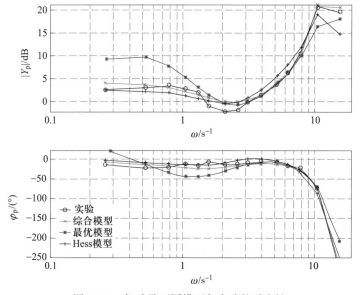

图 5-38 驾驶员不同模型与实验的适应性

5.4.6　综合模型神经网络生成

驾驶员频率特性法得到的结果 $Y_{p_{pred}}(j\omega)$ 可用于获得相应的神经网络模型。神经网络模型首先应在时域内进行训练。因此,得到的频率特性用于确定按傅里叶变换的信号,通过傅立叶变换将获得的频率特性用于确定信号 $c(t)$、$y(t)$ 和 $e(t)$(见图5-39)。

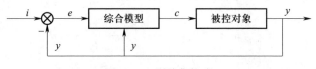

图 5-39　训练集构成

这些信号的表达式如下:

$$e(j\omega) = \frac{1}{1+Y_p \cdot Y_c} \cdot i(j\omega) = \frac{1}{1+Y_{OL}} \cdot i(j\omega)$$

$$c(j\omega) = Y_p \cdot e(j\omega) = \frac{Y_p}{1+Y_{CL} \cdot Y_c} \cdot i(j\omega) = \frac{Y_{CL}}{Y_c} \cdot i(j\omega) \qquad (5-51)$$

$$y(j\omega) = Y_c \cdot c(j\omega) = \frac{Y_p \cdot Y_c}{1+Y_p \cdot Y_c} \cdot i(j\omega) = Y_{CL} \cdot i(j\omega)$$

式中,Y_{OL} 为开环系统的频率特性;Y_{CL} 为闭环系统的频率特性。

实验研究中使用的多谐波输入信号 $i = \sum\limits_{k=1}^{15} A_k \sin(\omega_k t)$, $\omega_1 = 0.2618$ rad/s,$\omega_k = n \cdot \omega_1$,$n = 1$、$2$、$3$、$4$、$5$、$6$、$8$、$10$、$12$、$15$、$20$、$24$、$30$、$40$、$60$,可得

$$c_{i_{pred}}(t) = \sum\limits_{k=1}^{15} \left| \frac{Y_{CL}}{Y_c} \right| A_k \sin\left(\omega_k t + \phi_{\frac{Y_{CL}}{Y_c}}\right)$$

$$y_{i_{pred}}(t) = \sum\limits_{k=1}^{15} \left| Y_{CL} \right| A_k \sin\left(\omega_k t + \phi_{\frac{Y_{CL}}{Y_c}}\right)$$

$$e_{i_{pred}}(t) = i(t) - y_{i_{pred}}(t) \qquad (5-52)$$

这些信号用于驾驶员神经网络模型训练。

附录　评价飞行品质及 PIO 数据库

动力学构型飞行试验过程中得到的数据库,是飞机在俯仰角线性模型(传递函数)及按照库珀-哈珀以及飞行后 PIO 评价准则得出的驾驶员评价综合。这些线性模型是在 Calspan 飞行实验中心的 T-33 飞行实验室中实现的,利用专用控制系统,重构了初始飞机的动力学。每个构型的传递函数 $\left[\dfrac{\theta(s)}{X(s)}\right]$ 可以用以下模型表示:

$$Y = \frac{K(\tau_1 s + 1)}{(\tau_2 s + 1)} \frac{1}{\left(\dfrac{s^2}{\omega_3^2} + \dfrac{2\zeta_3}{\omega_3} s + 1\right)\left(\dfrac{s^2}{\omega_4^2} + \dfrac{2\zeta_4}{\omega_4} s + 1\right)} \cdot \frac{(\tau_{\theta_2} s + 1)}{s\left(\dfrac{s^2}{\omega_{sp}^2} + \dfrac{\xi_{sp}}{\omega_{sp}^2} s + 1\right)}$$

附表 1~附表 3 列举了数据库 Have PIO、LAHOS、Neal-Smith 等构型的传递函数。

附表 1　Have PIO(HP)数据库传递函数

飞机控制系统及作动器					短时运动特性			
					$1/\tau_{\theta_2} = 0.71/s$			
					ω_k/ξ_k			
$1/\tau_1$	$1/\tau_2$	ω_1/ξ_1	ω_2/ξ_2	ω_3	2.4/0.64	4.1/1.0	3.0/0.74	1.7/0.68
3.33	10	—	—	75	2-B			
20	10	—	—	75		3-D		
—	—	—	—	75	2-1	3-1	4-1	5-1
∞	10	—	—	75			4-2	
∞	1	—	—	75	2-5			
—	—	16/0.7	—	75		3-6		
—	—	12/0.7	—	75	2-7			

（续表）

飞机控制系统及作动器					短时运动特性				
					$1/\tau_{\theta_2}=0.71/s$				
					ω_k/ξ_k				
—	—	9/0.7	—	75		2-8	3-8		
—	—	6/0.7	—	75					5-9
—	—	4/0.7	—	75					5-10
—	—	16/0.93	16/0.38	75					5-11
—	—	2/0.7	—	75			3-12		
—	—	3/0.7	—	75			3-13		

$\omega_4 \rightarrow \infty$

附表 2　LAHOS 数据库传递函数

控制系统参数				短时运动特性				
				$V=225\ \text{km/h};\dfrac{n_y}{\alpha}=4.5\dfrac{1}{\text{rad}};\tau=1.4\ \text{s}$				
				ω_{sp}/l_{sp}				
τ_1	τ_2	ω_3/l_3	ω_4/l_4	1.0/0.74	2.3/0.57	2.2/0.25	2.0/1.06	3.9/0.5
0.4	0.1	—	—	1-A	2-A			
0.5	0.1	—	—	1-B				
0.2	0.1	—	—	1-C	2-C	3-C	4-C	
0	0	—	—	1-1	2-1	3-1(3-0)*	4-1(4-0)*	5-1
	0.1	—	—	1-2	2-2	3-2		
	0.25	—	—	1-3	2-3	3-3	4-3	5-3
	0.5	—	—	1-4	2-4		4-4	5-4
	1.0							5-5
	0	16/0.7	—	1-6	2-6	3-6	4-6	5-6
		12/0.7	—		2-7	3-7	4-7	5-7
		9/0.7	—	1-8				
		6/0.7	—		2-9			
		4/0.7	—		2-10		4-10	
0	0	1.6/0.93	16/0.38	1-11	2-11		4-11	5-11

附表 3　Neal-Smith 数据库传递函数

控制系统特性			短时运动特性							
			$n/\alpha = 18.5\ 1/\mathrm{rad}$ $v_{\mathrm{ind}} = 465\ \mathrm{km/h}$ $1/\tau_{\theta_2} = 1.25/\mathrm{s}$					$n/\alpha = 50\ 1/\mathrm{rad}$ $v_{\mathrm{ind}} = 648\ \mathrm{km/h}$ $1/\tau_{\theta_2} = 2.4/\mathrm{s}$		
			$\omega_{\mathrm{sp}}/\zeta_{\mathrm{sp}}$					$\omega_{\mathrm{sp}}/\zeta_{\mathrm{sp}}$		
1	2	3	4	5	6	7	8	9	10	11
$1/\tau_1$	$1/\tau_2$	ω_3	2.2/0.69	4.9/0.70	9.7/0.63	5.0/0.28	5.1/0.18	3.4/0.67	7.3/0.73	16.5/0.69
0.5	2	63	1-A							
0.8	3.3							6-A		
2	5		1-B	2-A						
3.3	8							6-B	7-A	
5	12			2-C						
8	19	↓							7-B	
∞	∞	75	1-D	2-D	3-A	4-A	5-A	6-C	7-C	8-A
	19	63							7-D	8-B
	12			2-E	3-B	4-B	5-B			
	8							6-D	7-E	8-C
	5		1-E	2-F	3-C	4-C	5-C			
	3.3							6-E	7-F	8-D
	2		1-F	2-H	3-D	4-D	5-D		7-G	
	0.8							6-F	7-H	8-E
	0.5	↓	1-G	2-J	3-E	4-E	5-E			
2	5	16	1-C	2-B						
∞	5			2-G						
↓	2	↓		2-I						

$\omega_4 \rightarrow \infty$

必须注意的是,驾驶员完成着陆任务以及俯仰角跟踪及大机动任务[8-10]。第3章指出了着陆任务中的驾驶员飞行品质评价在一定程度上取决于飞机在角运动上的动力学,可以将数据库统一到唯一知识库中。

附表4~附表6为不同构型实验中按照库珀-哈珀(PR)及PIO评价准则(PIOR)得到的数值。

附表4 Neal-Smith 数据库评价准则

构型	PR	PIOR
1-A	2/6/4/5	2.5/1.5/2
1-B	3.5/3	1/1.5
1-D	5/4.5/3/4	2.5/2/1/2
1-E	6	3.5
1-F	8/8	4/4
1-G	8.5/8.5	4.5/4
1-C	5/3.5/4	2.5/2/1.5
2-A	4.5/4	2/2
2-C	3	1.5
2-D	3/2.5/2.5	2/1/1
2-E	4	1
2-F	3	1
2-H	5/6/5.5	2.5/2.5/2
2-J	6/6	2/2
2-B	2/6/6/4/5	2.5/3/1.5/2.5
2-G	7	3
2-I	8/8	4.5/4
3-A	5/4/4/4	3/1.5/1/1.5
3-B	4.5	2
3-C	4/3	2/1
3-D	4/4	2/1
3-E	4/4	1.5/1
4-A	5.5/5	2.5/2

（续表）

构型	PR	PIOR
4-B	7	4
4-C	8.5	4
4-D	8/9	3.5/5
4-E	7.5	4
5-A	7/5/6	3/1.5/3
5-B	7	4
5-C	9/7	5/5
5-D	8.5/9/9	4/5/4
5-E	8/8	4/4
6-A	5/6	2/3
6-B	2.5/1/4	1.5/1/1.5
6-C	4/5	2.5/2
6-D	5.5	2.5
6-E	8.5/7	5/4
6-F	8.5/10/8	4/5/4
7-A	5/4/2	2/2/1
7-B	3	1.5
7-C	3/3/4/1.5	2/2/1/1
7-D	5.5	3
7-E	6/5	3/2
7-F	3/4/4/7/7/7	2/2/2/—/3.5/4
7-G	5/6	2/2
7-H	5	2
8-A	5/4	2.5/1
8-B	3.5	1.5
8-C	3.5/3	2/1
8-D	2/4	1/2
8-E	2.5/3/5	1/1/2

附表 5　LAHOS 数据库评价准则

构型	PR	PIOR
1–A	6	1
1–B	5	2
1–C	4/4	1/1
1–1	4/4	2/1
1–2	5	2
1–3	9/10/—/—	4/4/2/3
1–4	10	4
1–6	5/—	2/2
1–8	8	3
1–11	9	3.5
2–A	4/6	2/2.5
2–C	4/1.5/1.5/3	2/1/1/1
2–1	2/2/—	1/1/1
2–2	4/4.5	2/1
2–3	6	3
2–4	9/—/—	3/2/1
2–6	5	2.5
2–7	7/6	3/3
2–9	10	3
2–10	10	4
2–11	8	3
3–C	2/5	1/1.5
3–0	4/5	1/2
3–1	4/7/5	2/3/2
3–2	7/—	3/3
3–3	10/—	4/3.5
3–6	7/6	3/3

构型	PR	PIOR
3-7	8	4
4-C	3/3	1.5/2
4-0	6	3
4-1	2	1
4-3	5/8/7	2/3/3
4-4	7/6/—	3/3/2
4-6	4	2
4-7	3	1
4-10	9	4
4-11	8	4
5-1	7/5	3/3
5-3	8/6/4.5/6/—	3/3/2.5/1/1
5-4	6	2.5
5-5	7	3
5-6	6	3
5-7	6	3
5-11	7	3.5
6-1	10	4
6-2	2	1
7-1	4	1
7-2	3	1
7-3	4/6	1/1

附表 6　Have PIO 数据库评价准则

构型	PR	PIOR
2-B	7/3/3/3	3/2/2/1
2-1	2/2/3	1/1/1
2-5	10/7/10	4/4/5

（续表）

构型	PR	PIOR
2-7	7/4/4	4/3/2
2-8	8/10/8	4/4/4
3-D	2/2	1/1
3-1	5/3/4	3/2/2
3-3	7/2/3	3/1/1
3-6	5/4	2/2
3-8	8/5/8	4/3/4
3-12	7/9	4/5
3-13	10/10	4/5
4-1	3/2/3	1/1/1
4-2	3/3/4	1/1/2
5-1	2/5	1/1
5-9	7/8/7	4/4
5-10	10/7/10	5/5
5-11	7/7/5	2/4/3

参 考 文 献

[1] Ефремов. А. В., Оглоблин. А. В., Предтеченский А. Н, Родченко В. В. Летчик как динамическая система,—М. :Машиностроение 1992. –331 с.

[2] McRuer D. T., Krendel E. Mathematical models of human pilot AGARD AGD–188 1974. 72 pp.

[3] McRuer D. T. and E. S. Krendel. Dynamic response of human operators, WADC. TR–56–524. 0ct. 1957.

[4] Baron S., Kleinman D. The human as an optimal controller and information Processor//IEEE Transactions on man machine systems MMS–10 March 1969. Vol. 1. Pp. 9–17.

[5] Anderson R. O. A new approach to the specification and evaluation of flying qualities. AFFDL–TR–69–120, 1970,60 pp.

[6] Weir D., Klein R. Measurement and analysis of pilot scanning Behavior during simulated instrument approaches., J. of Aircraft. Nov. 1971. Vol. 8, № 11. P. 897–904.

[7] Young L. The current status of vestibular system models. Automatica 1969 Vol. 5, 369–383.

[8] Shroder J. et al. Pilot–induced oscillation prediction with three levels of simulation motion displacement. Proceedings of AIAA atmospheric flight mechanics conference and exhibit. Boston, Mass. USA, 1998.

[9] Kish B. A. et al. Concept for detecting pilot–induced oscillation using manned simulation. AIAA paper 96–3431, San Diego, CA, 1996.

[10] Efremov A. V. et. al. Investigation of pilot induced oscillation tendency and prediction criteria development. WL–TR–96–3109 Wright laboratory, USA. May 1996. P. 1–138.

[11] Neal T. P., Smith R. E. A Flying Qualities Criteria for the design of Fighter flight–control system. J of aircraft vol. 8, Ne 10 Oct. 1971.

[12] Smith R. E. Effects of control system dynamics on Fighter approach and Landing longitudinal flying qualities,v. 1 AFFDL–TR–78–122,1978.

[13] Bjorkman E. A. et al. NT–33. Pilot induced oscillation prediction evaluation USAFTPS–TR–85B–S4, June 1986. 165 pp.

［14］Аэродинамика и динамика полета сверхзвукового самолета /Под ред. Г. С. Бюшгенса. - М. : Наука, 1998.

［15］Efremov A. V,. Tyaglik M. S., Koshelenko A. V., Tyaglik A. S. The ways for improvement of agreement between in-flight and ground-based simulations for evaluation of handing qualities and pilot tracking. - 29th ICAS-2014 Congress, Saint-Petersburg,7-12 September 2014.

［16］McRuer D. T. at. all//Minimum flying qualities. Volume I: Piloted Simulation Evaluation of Multiple Axis Flying Qualities. WRDC-TR-89-3125. January 1990.

［17］Ефремов. А. В., Борис С. Ю, Оглоблин. А. В. и др. Использование частотного подхода в летном эксперименте при оптимизации характеристик системы управления полетом// Оптимизационные задачи динамики полета. М. : Изд-во МАИ, 1990. С. 18-25.

［18］Wood J. R. Comparison of fixed-base and in-flight simulation results for lateral high order systems. Proceedings of AIAA atmospheric flight mechanics conference and exhibit. USA, 1983.

［19］Ефремов. А. В., Оглоблин. А. В., Кошеленко А. В. Закономерности характеристик действий человека - оператора в задачах непрерывного управления//Вестник компьютерных и информационных технологий. 2006. №7.

［20］Hess R. Structural model of the adaptive human pilot. J of Guidance and Control, Vol. 3, № 5, 1979. P.416-423.

［21］Ефремов. А. В., Оглоблин. А. В. Прогресс в исследованиях системы самолет - летчик//Вестник Московского авиационного института, 2005. Т. 12. №2. С. 18-30.

［22］Ефремов А. В., Тяглик М. С. Разработка средств отображения информации, обеспечивающих высокоточное пилотирование//Полет. 2010. № 11.

［23］Ефремов. А. В., Захарченко. В. Ф., Овчаренко. В. Н. и др. Динамика полета: Учебник для студентов высших учебных заведений/Под ред. Г. С. Бюшгенса. - М.: Машиностроение, 2011. -776 с.

［24］Тань В., Ефремов А. В., Тюменцев Ю. В. Оценка пилотажных свойств самолета с прим енением нейросетевой модели предсказания характеристик управляющих действий летчика. //Вестник Московского авиационного института. 2008. Т. 15. №1.